从伤口里爬出来

在绝望中寻找希望

崔万志◎著

北京时代华文书局

本书作者：崔万志

一九七六年正月十九，崔万志出生于安徽省肥东县东高乡大许村

5 岁了，崔万志还不能走路，说话流口水

17 岁，中考全校第一，却被重点高中拒之门外

21 岁决胜高考，崔万志选择了 4000 千米之外的新疆石河子大学

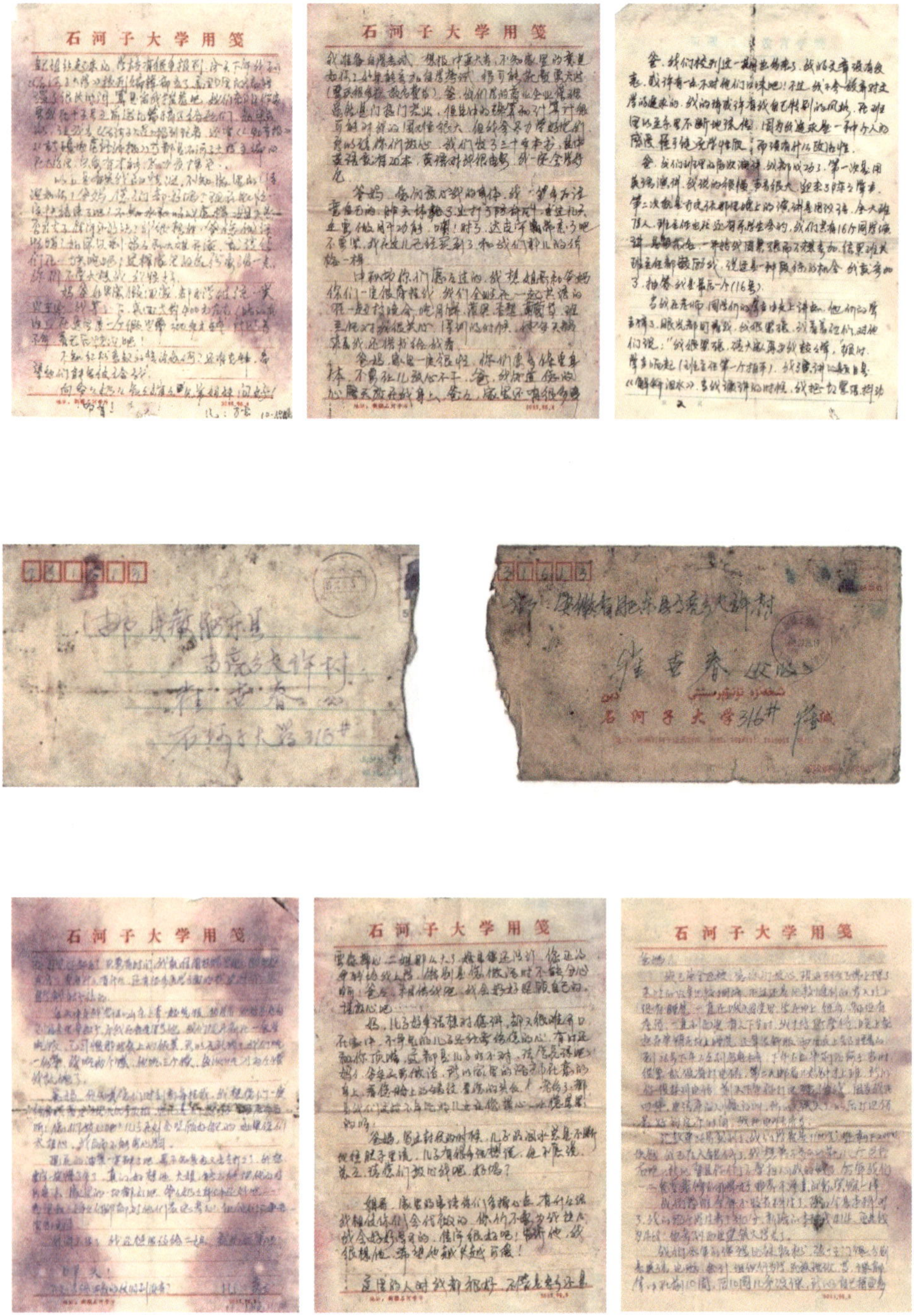

家书

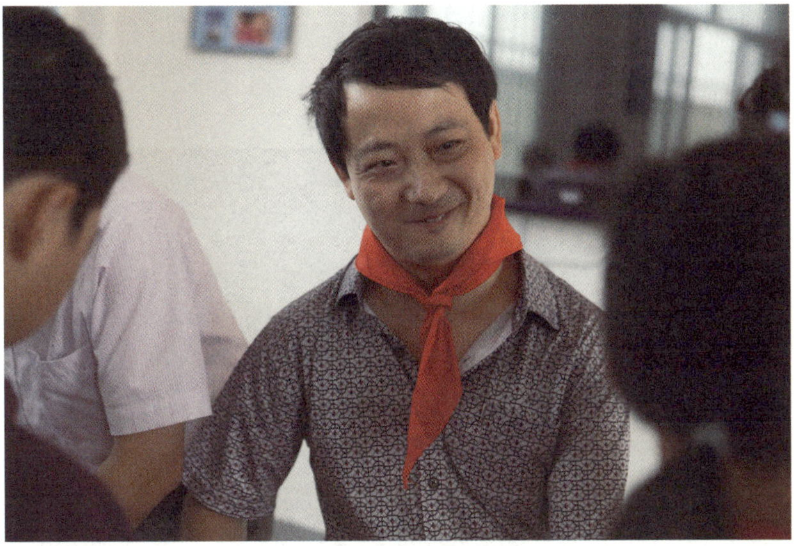

崔万志创业之初

2009 年上淘宝大学网商 MBA 总裁班学习，与阿里巴巴 CEO 陆兆禧合影

2011年安徽十大心动人物

前商务部国际贸易经济合作研究院院长霍建国给蝶恋服饰 CEO 崔万志颁奖

2012 年《鲁豫有约》专访

参加 2012 年全球十佳网商颁奖盛典留影

2012 年全球十佳网商颁奖盛典现场

CCTV2《对话》节目与马云对话，并赠送旗袍给马云太太

安徽商報　安徽新闻 / 综合　2011年9月13日 星期二　16

从四牌楼天桥摆地摊，到网店销售额突破 3000 万

我省网商首次跻身阿里30强

四牌楼天桥练摊

起初一天只想赚20块

只想走好每一步

从阳光执法中享受公正

亲人大义举报家人吸毒

2012 年《江淮晨报》《安徽商报》等相关媒体报道

世界众筹大会，CCTV 记者采访崔万志

接受 CCTV 著名主持人张越的专访

成立石河子大学“崔万志励志助学金”

在“第八届 CCTV 三农创业致富榜样颁奖盛典”上，给残疾人致富榜样刘家学颁奖

《超级演说家》第三季

超级演说《不抱怨，靠自己》

获《超级演说家》第三季年度亚军，接受乐嘉老师颁奖

万人演讲现场

《不抱怨，靠自己》新书发布会

以崔万志为原型的电影《旗袍先生》在其家乡肥东县包公镇开机

崔万志创立“少年中国说”训练营

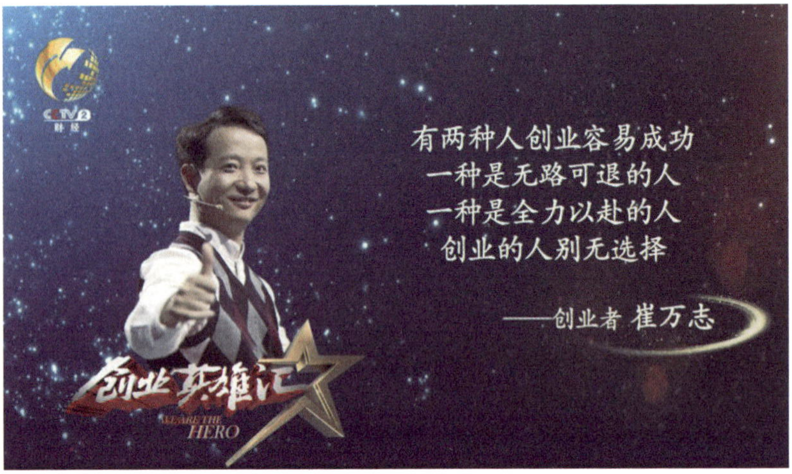

参加 CCTV2《创业英雄汇》

荣获中宣部和国家发改委颁发的“2018 全国诚信之星”称号

推荐序

在你黑我前，我先自黑

五年前，万志的处女作《不抱怨，靠自己》面世，携《超级演说家》节目上他那篇惊天地泣鬼神的同名演讲之威，气吞六合，横扫八荒。那书，风靡了一时一时又一时，影响了一波一波又一波。

时至今日，仍有人在我的演讲课堂上说："每当我沮丧低落、毫无斗志时，就去看崔万志老师的那篇演讲，看完后满血复活，自己还能有什么理由和借口放弃呢？"

"我们公司开会做年度动员时，收官节目就是集体观看崔老师的那篇《不抱怨，靠自己》的演讲，看完后，大家定的目标超过原先预计的两倍，老板真的太狡猾了！"

"我家小孩不好好读书，天天抱怨东不行西不好，以前我是天天骂他打他，什么用都没，后来，给他看了万志老师的演讲，嘿嘿，孩子就不好意思再闹了，只要再反复，我就再给他看，那篇演讲是治咱家娃病的药……”

每每听到如是说，吾与有荣焉，幸甚至哉。

想起当年总决赛录制，由于种种原因，万志只拿了亚军，吾愤愤之余，和万志以酒当歌，借酒咏志，对万志说：评价一次演讲好坏的标准是“时间”，演讲和书的道理殊途同归，优秀的演讲必将流传千古，假以时日，你，必将因你的演讲而伟大。

时至今日，一切成真。

因在演说家节目中担任万志的导师，我见证了他在演讲舞台上，从丑鸭蜕变为凤凰的每个点滴，《不抱怨，靠自己》那本书，当仁不让为万志作序。那本书出版后没多久，有一次万志跟我提过一嘴，很喜欢我的自剖录《本色》，他想以后写一本他自己的自剖录，阐述他这半生走过的路和他对待生命的态度，我鼓励了几句，后来他也没声音，此后再未有提。不曾想，五年后，万志不言不语、不声不响，已经完成了这第二本大作。想起当年万志人生中首次创业开书店，也是同样套路，先斩后奏，等到书店开成，方告知家人，生怕亲人出于爱护而阻挠，不若把生米做成熟饭，不出成果绝不示人。

因第一本书我已写过序，这第二本，万志找我时，我说，你遍识天下风云，人人以与你结交为荣，此书不必再需我，否则，外人看来，老脸一张，有重复之嫌，但万志坚持让我看完书稿后再行定夺。阅毕，方知万志之狡黠，原来我与万志血脉相连，早已无法分开。

在本书中，万志把“剖得越深，活得越真”的理念发挥得淋漓尽致。可以说，这么多年，万志是唯一一个在自剖的深刻程度和彻底程度上，让我佩服的人。

万志描述他年轻时，在一个月黑风高的午夜和女孩约会的全过程时，对那种多情男子和怀春女子来回过招的细腻回顾，让我忍俊不禁；对想去拉手又不敢拉手，用指甲盖轻轻触碰试探撩拨的复杂心理斗争的诠释，让我眼珠一翻，咽了口唾沫，心下感慨“哇，原来还有这一面啊”；对一个心爱女子不敢面对、无比煎熬、跌落到尘埃中的心情阐述，让我重新理解“自卑”二字；对自己荷尔蒙冲头，翻身上马，意欲大展雄风却瞬间力不从心时的沉吟，让我想起了自己同样不堪的往事……

原来，扔掉“残疾人”这个标签后，万志，和你我一样，是一个个活生生的人！

你我有过的所有情绪，你我经历的所有尴尬，你我体验到的悲欢离合，他都有过。只是，由于上天赐予他的艰难、使命和挑战远超平常人，使得人们一路以来总是强调他的种种不容易，把他身上成功励志的属性发挥到极致，而忽略掉他更多和我们一样的人性中基本的喜怒哀乐。如果你过去一直从他“不抱怨，靠自己”的人生故事中得到力量，那么，这次，你将从他身上得到的是人性“真实”的力量，看完后，你会舔舔嘴唇：“真实，真的太美好了”。

如果你从看书这一刻开始，不把他当成残疾人，把他当成一个健康的人来看，你一定能得到更多。

我一直觉得万志的商业才华被人们极大地低估。即便当年他被评选为阿里巴巴十大网商，创下一分钟电商销售旗袍4000件纪录成名为中国旗袍先生的那一刻，人们依旧还是津津乐道于他历经磨难、屹立不倒的顽强拼搏精神，随时将他与中国女排视为同类，却少有人正视他敏感的商业嗅觉和赚钱头脑。

我曾有过怀疑，会不会是因为万志从小吃过很多苦，故而能很好地以他身体的局限作为撬点，从而成功激发人们对他的怜悯之心，然后通过大打感情牌，让生意做得如火如荼？我的这个怀疑，就像人们在不了解万志时，总会本能地以为，他演讲好一定是因为别人给他的同情分，结果，看完他的演讲后，方知自己有眼无珠，原来这是一个宝藏男孩啊。

当我看到书中万志透露他在大学时代是如何贩卖贺卡日进斗金时，掩面惊叹，还有这样操作？！苍天真公啊，虽然给万志缠了一个脖子，却送他两个脑子，那时的他，就知道众筹，就知道转化核心客户为经销商，就知道湖边钓鱼永远是最笨的赚钱方法，出租鱼竿才是真正的大老板。那时，他才刚开始他的大学生涯；那时，还没有“体验经济”；那时，人们还不理解“众筹”这两个字的含义，为啥他都开始实践了呢？

万志在直播带货中做得风生水起，引起很多同行的妒忌。可世人不知他成功的真正奥秘。

万志下了演说家节目后，认真跟我说：“乐老师，我要拜你为师，跟你学习全套性格色彩的学问。”我揶揄他：“录完节目，你看大家，都是各忙各的，节目上结个善缘就好，你都拿了全国亚军，没必要了，为啥还要跟着我。”“因为我觉得我从你身上得到的只是一点皮上的毛，我想要把你吸干，哈哈哈哈哈哈哈。”

就这样，万志以最快的速度学完整套性格色彩课程，成为性格色彩高级传道者，然后，以迅雷不及掩耳之势，将他的感悟结合自己的旗袍电商，总结出性格色彩在电商销售和客服中的运用，他甚至细分到，如何通过网上聊天的标点符号来判断客户的性格，然后根据不同客户性格采用不同的方式销售和服务。这套方法，他快速传达给他的团队，4 个月后，他的旗袍销售战绩增加 77%。不是 7%，是 77%！

如果你从看书这一刻开始，不把他当成残疾人，把他当成一个成功的商人来看，你一定能得到更多。

对世人而言，万志是中国“身残志坚”成功者中的典型代表，人们敬仰的是他传奇般的、英雄史诗般的、自强不息的信念；对我而言，绝非如此。

那年下课，几个性格色彩的资深学员聚在一起，我给大家出了个题目：“你觉得自己和同桌上的其他人相比，什么是自己最厉害的功夫？”轮到万志，这家伙不紧不慢，自在地拿了根牙签剔牙，大家死盯着他，不知他要搞个什么鬼，万志以心满意足的神情笑眯眯地说：“我觉得我们出去一起比赛讨饭，看谁讨得多，你们一定比不过我。”

笑死一片。

伤口人人都有，疼痛各有不同，但究其本质，大家都想出来，没人愿意一辈子待在疼痛中。万志的爬出法，是他的实践之路。

我从中看到的是，即便你没有足够豁达的心胸，即便你没有足够强大的内心，你也可以先学会自嘲，且要自嘲在他人看来是你的软肋和死穴。你做到的那一刻，当你正视你的虚弱时，就在那一瞬间，你的虚弱和你的伤口，就变成了你的力量。

万志，忘记跟你说了，你爬出伤口的样子，酷！

乐嘉

2021 年 7 月 17 日

于上海性格色彩 I 阶读心术课堂

前言

此书没有太多的华丽辞藻，却是我最真实的内心独白。

我从小就是一个自卑的孩子，上课从不敢举手发言，写字全身都会颤抖，别人写五个字，我只能写一个字。小伙伴们玩的游戏，我大部分都不能玩，所以经常一个人待在家里，父母下地干活去了，我就一个人趴在小方桌上或者跪在小板凳上，抄写家里的门联，所以还没有开始读书，我就识得好多字。有时候父母下地干活，也会把我带上，我特别喜欢坐在爸爸的箩筐里，爸爸挑着我，穿梭在乡间小路上。望着蓝蓝的天空，我感觉自己就像井里的青蛙一样，坐井观天。我不知道青蛙是不是和我想的一样，在里面看着天空，不想出来。

当然，小时候我也有很多好朋友，我们一起打弹珠、玩火柴皮，我小时候赢了好多火柴皮，别的小朋友输了，就买我的，一分钱 500 分，火柴皮根据图案的不同，分值是不一样的，孙悟空图案的最高，200 分，还有关公、张飞、飞机、坦克什么的，我在想，小时候这些游戏规则到底是谁制定的呢？但是，卖火柴皮，一分钱500分，是我定的，后来大家都这么干，输了就拿钱来买。

我印象最深的就是骑在爸爸的肩膀上，看电视连续剧《西游记》，那时候应该是1986年吧，一个村只有一台12英寸的黑白电视机。一到晚上，有电视机那家门前乌泱乌泱挤满了大人小孩，我看不到，又挤不到前面，爸爸就把我扛起来，让我坐在他的肩膀上，看孙悟空在如来手上撒尿，我也想在父亲的肩膀上撒尿……父亲每天晚上吃过晚饭，就扛着我，去看《西游记》。后来慢慢长大，不知道总共看了多少遍《西游记》，百看不厌，看到孙悟空被压五行山下、三打白骨精后孙悟空被唐僧撵走时，我还会哭，现在刷抖音，每次刷到对《西游记》的介绍，我都会看完。

小时候，父母真的没有教育过我们什么，他们也没有什么文化，所以不会跟我们说什么道理，但也没有打过我们姊妹仨。我是我姐带大的，夏天都是姐帮我洗澡。记得有一次，大姐带我在“福莲塘”洗澡，我一不小心掉进水里了，姐就连忙挽起裤腿跳下去，把我捞了上来，姐叫我千万不要跟爸妈说，我点点头。那时候大姐负责烧锅做饭，割草喂猪，大姐够不着灶台，就站在小板凳上。二姐主要负责照顾我，7岁就把我挂在屁股上，也因为这个，她10岁才上学，老师到家里来说情，要让孩子上学，再不上就晚了，我爸说：“那万志谁带啊？如果小妹（我二姐小名）能把万志带在身边，我就给她上学。”

老师同意二姐带着我上学了，上课的时候，我就躲在石板课桌底下，不说话，老师教什么，我也听着，二姐学会了，我也学会了。

童年就这样过来了，然后就是少年求学，青年奋斗，一晃已到中年，孩子都 18 岁了。再难，都可以过来，别怕。

这本书，记录了我的经历、思考，以及对人生的态度，写的是我的故事，读的是你的人生。此书献给所有在生活中经历苦难，在创业中砥砺前行的朋友们。

还有我的孩子和亲人！

崔万志　于合肥

致读者

本书《从伤口里爬出来》送给经历过苦难和正在经历苦难的朋友们！

这个世界上有两种苦难：一种是身体之苦，贫穷、饥饿、病魔、残疾，身体之苦，咬咬牙，大部分能够挺过去；另一种是心灵之苦，自卑、抑郁、绝望、焦虑，有人一辈子也过不去，牙咬得越响，内心就越苦。

我，崔万志，自小极度自卑，连说一句话都会脸红脖子粗。人生遇到很多坎，不是身体过不去，而是心里过不去。此书是一本自我解剖的书，把我的心打开给你看，你会发现，我就是你！

这本书记录了我如何从自卑中爬出来，一步一步走向自己说了算的人生。我可以，你也可以！书中有我的故事细节，有我的心灵独白，有我的思考和感悟，我希望，你的枕边，有一个人，还有一本我的书。

或者是，你的枕边，有几滴泪，还有一本我的书……

早晨，阳光从窗口照进来，照在书上，还有你的笑脸上，读读它，你会发现，书是你的！

因为上帝爱我

所以咬了我一口

带着流血的伤口

我一路走

不回头

崔万志

2021年6月1日

目　录

第一章
自　卑

第二章
超　越

第三章
关 系

第四章
性 格

第五章
谎 言

第六章
引 路

第七章
梦　想

第八章
创　业

第九章
财　富

第十章
家 书

第一章

自卑

上天因为爱我
所以咬了我一口
带着流血的伤口
我一路走
不回头

01　我来世间，带着深深的伤

我叫崔万志，是一位因母亲难产而脑袋长时间缺氧造成的脑瘫儿；我是一个自卑的人，自卑充满了我整个童年，也将会影响我的一生。

1976 年，我出生在安徽省合肥市肥东县包公镇大许村一个家徒四壁的贫困家庭，妈妈生我的前一天还在田地里干农活，由于胎位不正，妈妈在生我的那天难产大出血。我是脚先下来，头被卡在里边，一连几个小时妈妈都生不下来。后来终于被生下来的我却没有哭啼，生命体征很弱，几乎没有心跳。村里有个赤脚医生为了抢救我 ，给我做人工呼吸，提着我的小脚，让我头朝下，一边抖，一边拍打我的小屁股……就这样折腾了很久，后来妈妈小心翼翼地把我放在她虚弱的怀里捂了三天三夜，我才活了过来。

这是我最初的生命迹象，我想告诉大家一个道理：我们降临世间，体质是非常虚弱的，而这种生命最初的无力感，它就是我们自卑的根源。而我比一般的人更加虚弱、无力和自卑！因为我的原始生命特征更加脆弱。但我很幸运，爸妈没有放弃我，他们用无条件的爱滋养着我，让我一步步地走出来。我时常在想，如果我的身体没有这么羸弱，或许我就得不到这么多的爱了，这或许就是我自卑的一个思维方式，但我一直觉得我变成这个样子并不是上天对我的惩罚而是上天对我的眷顾，它让我获得了更多的爱。

我 4 岁才学会说话，6 岁才开始走路。小时候说话非常吃力，你们应该见过脑瘫患者，一说话肌肉就拉扯得特别厉害，特别是人多的时候一紧张，半天冒不出一句话，我就是这样。当周围很多人看着我的时候，就感觉他们像看一个怪物似的。而且我走路一瘸一拐，迟钝缓慢，容易摔跤，所以小时候我身上青一块紫一块，就没有消停过。

记得小学二年级的时候，有一次老师叫我起来背诵课文，那是老师第一次叫我，是个新来的老师，当老师叫我起来的时候我全身发抖，脸色苍白，我觉得我们全班的同学都在看着我，我费尽全身的力气艰难地从座位上站起来，慢腾腾地含糊不清地背：“一只……乌鸦……口渴了，到处找水喝……”背了还不到一半，我就吓得尿裤子了。

那天晚上回家，我因为害怕大人知道我尿裤子了，衣服也不敢脱，天还没黑，就钻进被窝里偷偷睡了。邻居家小孟来喊我跟他一起去逮蜻蜓，这也是小时候我特别喜欢玩的游戏。傍晚时分，有的蜻蜓飞来飞去，有的蜻蜓停留在池塘里的水草上，有的蜻蜓会停立在垂柳梢上，有的蜻蜓被蜘蛛网网住了。蜻蜓色彩斑斓，有老虎头蜻蜓、红蜻蜓、绿蜻蜓、黄蜻蜓、花蜻蜓……我们在柳树下寻找蜻蜓，看见它们停下来，就悄悄地猫到它们后面，用两根手指迅速捏住它的尾巴，就把蜻蜓逮住了。当然，小孟逮的比我多，但是，只要我能逮到一只，我就会自得其乐。我们把逮到的蜻蜓放进蚊帐里让它抓蚊子，然后躺在床上眼睛盯着蜻蜓，它们时而趴在蚊帐上，时而从这里飞到那里……帐子里一只蚊子都没有时，我心里充满了无限的喜悦和幻想。可是，没过两天，父亲就把它们放了，父亲说："帐子里没有蚊子，它们就会饿死，放了你再去逮。"

"万志，万志，我们去抓蜻蜓吧。"小孟一边喊，一边掀开我的被子，拖着我的双腿，拽我起来。当他看到我裤裆湿了，一个劲地起哄，嘲笑我，在我家串门的邻居，也都随声附和着起哄，当着我妈妈的面讥讽着说："你看人家的孩子，小学二年级都会烧饭喂猪放牛了，你家万志这么大了还尿床，哎，你们上辈子肯定是作了什么孽，这辈子要还，这娃命苦啊。"妈妈没有理他们，抹了抹眼泪，迅速从柜子里翻出干净的衣服帮我换上，我抱着妈妈的脖子，把头深深地扎在她的脑后，眼泪哗哗地流淌。

这些伤心的话每次都深深刺伤着我，导致我内心更加胆怯，越来越不自信。我不断否定自己，总觉得我活在这个世界上就是一个多余的人，不仅多余，而且还会给家人带来很多麻烦。所以从那以后我就变得更加内向，更加不愿意讲话，不仅在学校里不举手发言，在家里我也变得沉默寡言，就活在自己的世界里，自怨自艾。

我觉得我唯一能做的就是好好学习，只要成绩好了，我就能在他们面前光芒四射。

小学四年级的时候，班里要抽选一个代表学校去乡里参加奥林匹克数学竞赛的名额，当时我成绩很好，数学更一直是学校里的第一名，但是老师没有选我。因为到乡里参加比赛需要走 2.5 千米的路程，老师认为我到乡里去参加比赛有很多不方便，就选了其他同学。

当时我特别难过，回家我就跟我爸爸打“小报告”：“爸，我想参加数学比赛，老师不要我。”一直缠着爸爸去学校帮我争取这次参加奥林匹克数学竞赛的名额。

爸爸在我的死缠烂打下就到学校去找老师：“我的孩子数学这么好，您可否给他一次锻炼的机会，我背着他去考试！”最后老师同意了我参加数学比赛，这个机会得来不易，是我努力争取来的，证明我具备了参加奥林匹克竞赛的“能力”，我瞬间充满了“自信”。

表面上我在证明自己，你说我不能参加，我就一定要参加给你看。实际上这是我内心虚弱和自卑到极致的表现，希望通过只有成绩好的少数尖子生才能参加竞赛的这一众所周知的荣誉来填充我内心的自卑和虚弱。我当时自卑到了极致……

但是你知道吗，因为无法接纳真实的自己，始终保持着一颗高度敏感内心的我，时时刻刻在跟这个世界对抗，想要别人认可我，像看待正常孩子一样看待我。但由于我先天的身体残疾，做什么事情都会给别人造成诸多的麻烦，这次参加奥林匹克竞赛，我爸爸要背我去乡里，老师还要多方协调让出一个名额让我参加，等等。我很清楚我争取参加这次竞赛肯定给别人带来很大的麻烦，但是我需要有这样的机会，我需要维护自己的“尊严”。其实我在争取参加这次竞赛时，内心极度紧张和恐慌，我特别害怕，害怕自己万一考不好，不仅自己丢脸，还给父母、老师、学校丢脸。但反过来想想，我的数学成绩一直很好，应该不会考得太差，如果考好了，我多有面子呀！我就是在这样不安、惊恐、担心、害怕又充满着期待的心情中迎接这次考试的，我清楚地记得离考试近一个星期的时间，我天天失眠，我真怕万一考砸了，我如何面对大家。怕什么来什么，那次考试我发挥失常，只考了59分，全乡35名同学参加比赛，我考了全乡倒数第一。

这一切都来自我内心极度的自卑而形成的自我暗示："万一考不好，我会崩塌。"可越是这样暗示，我就压力越大，最终发挥严重失常，败下阵来。

就这样，自卑贯穿了我的整个童年，贯穿了我生活的方方面面：老师叫我回答问题，我会紧张；雨雪天路滑，别人背我、拉我，我会脸红；上体育课，老师让我一个人在教室里，我会孤独难耐；上中学我开始暗恋女生而不敢表达，我会羞耻不堪……

02　我的求学历程

一件东西，如果你轻而易举就可以得到，你可能会觉得它是理所当然的，你也不会觉得它有什么值得珍惜的。然而，对那些要费尽千辛万苦才能得到它的人来说，却是那么珍贵。就拿上学这件事来说吧，对许多人来说，到了上学的年龄去学校上学太正常不过了，只要你努力，经过十年寒窗苦读，进入理想的学校那是顺其自然的事，但对于我，这却像一座又一座的大山横在我前面，让我一路艰难爬行。

自从我入学后，我特别珍惜这来之不易的学习机会。我用功学习，从不偷懒，上课认真听讲，课下勤于复习，因为我知道，我需要更努力，才能得到与别人一样多的机会。

我还记得上小学时有一天，因为晚上睡觉着凉感冒了，第二天我就发起了高烧，裹着被子还忍不住打冷战。早上，我仍然挣扎着起床，要去上学。母亲看到我这个样子，就把我按住，劝我在家休息休息、养养身体。可那时马上就要期末考试了，如果我不去上课，就会落下功课！我越想越觉得心焦，于是就坚持着爬了起来，步履蹒跚地向学校走去。我本来行走就不便，再加上生病了身体非常虚弱，所以，每走一步都气喘吁吁。我抬头望着眼前的路，觉得它是那么漫长、那么坎坷，但我仍然给自己打气：这就像是我人生的道路，只要这样的困难能克服，以后，什么样的困难都难不倒我！就这样，我一步一步地走到了学校，那天的课，我听得非常认真。

学校生活也是充满快乐的，现在我记忆最深刻的，就是和同学们一起结伴学习的日子。那时，因为我学习不错，同学们遇到什么样的难题，都会来问我，我就像一名小老师一样给他们解答。有时题目太难了，他们就会嚷着“听不懂”，我只好不厌其烦地再讲一遍，直到他们懂了为止。每当这个时候，同学们就会用崇拜的眼光看着我，我心里也高兴不已。

都说皇天不负有心人，我的苦心没有白费，我的成绩在班里一直是非常优秀的，每次考试我都名列前茅。中考到了，检验我的时刻到了，我满怀信心地走进了考场，希望给这几年的学习画上一个圆满的句号。

我做到了，中考我发挥得不错，考出了理想的成绩——总分 540 分，我考了 491 分，是县里的前十名。那一年，我们县重点高中的录取分数线是 450 分，我比录取分数高出了 40 多分，所以，我被合肥市的一所重点高中录取了。

我的父母得知了这个好消息后，高兴得晚上连觉都睡不着了。我也很激动，因为这一路是怎么走来的，只有我自己知道。我用优异的成绩，证明了我自己，也为自己赢得了继续学习的机会。

很快，高中报到的日子到了。那天一大早，我父亲就陪着我一起去学校报名，我们像其他同学一样排在长长的队伍里，交学费、办理入学手续。一切都是那么顺利，我以为，接下来，我就能在这所重点高中开始我的高中生活了，那是我向往已久的。但我没想到的是，几个小时后，我的这个美好的梦就被残忍地打破了。

那天下午，校长到报到现场进行检查，看到我以后，他的脸色一下子变了，就像换了一个人似的。他冷着脸对我说："你是残疾人，学校从来都不收残疾学生，所以，你不能在这里上学，你必须马上离开学校。"

校长的话深深地刺伤了我，使我自卑不堪。

为什么不收我？我的录取通知书难道是假的吗？当时的我既震惊又气愤。我据理力争，反而惹怒了校长，他不由分说地把我和父亲赶出了校门，把我的行李扔到了学校外面，还让人把学校的铁门紧紧地锁了起来。

我看着那扇紧闭的铁门，心里绝望极了，感觉它锁住的不是学校，而是我的人生。那时的我们简直狼狈极了：我的行李在校门口洒了一地。从未经历过什么大事的老父亲更是绝望，他一下子崩溃了，蹲在地上抱着头，像个无助的孩子一样痛哭了起来，一连哭了两个小时。

那个校长看到我们痛苦的样子，又走了出来，我父亲迎上去就跪在他面前，恳求着能让我上学。我们满怀期待地看着他，希望他能收回自己的决定。谁知道他却冷冰冰地对我说："你们赶紧走吧，要是在这里继续哭闹下去，我就报警了。"临走之前，他还用不屑的口气说道："不要做梦了，就算你以后能考上大学，也不会有学校要你这样的残疾人的，你只会白白耽误一个名额。”

从上午到下午，仅仅几个小时的时间，我就从天堂一下子跌到了冰冷至极的地狱里。原本，此时的我应该坐在明亮的教室里，认识新同学、听老师讲话，而现在我却只能像只丧家犬一样落魄地蹲在校门口。

我浑身颤抖，自卑到了极点……我不想再上学了，甚至我想到要结束我的生命。

就这样，我眼睁睁地看着我的同龄人走进了学校，开始了自己憧憬的高中生活，而我却失去了在那所重点高中读书的机会。我努力过，也抗争了，但没人听得见我的声音。后来，我被安排到镇上的一所普通高中就读，那是一所教学水平非常低的高中，一连几年都没有一个学生考上大学。但我只能接受这样的安排，至少，在那里，我还能读书。

高中我读了四年，这四年里的每一天我都是在苦读中度过的。在那所高中里，我感觉自己就像是一个异类。我身边有很多同学，他们几乎从来都感受不到学习的压力，在学校的时间，对他们来说不过是混日子罢了。老师的话可听可不听，书可读可不读，做一天和尚撞一天钟，得过且过。但我不能那样做，读书，考大学，是我唯一的出路，我没有游戏人生的资本。

那时，每天早上天还没亮的时候我就早早起床了，去往教室的路上，夜空中还有淡淡的月光，其照射的总是我一个人的身影。我几乎每天都是最早来到教室的，空荡荡的教室里只有我读书的声音在回响着，我努力地背诵课文、做题，像海绵一样汲取着知识，当时的我心里只有一个愿望，多学一点，多进步一点，就是胜利。

晚上，我也会抓住每分每秒的时间学习。那时我经常看书到很晚，有时难免会打瞌睡，眼睛怎么也睁不开。怎么办？我想了一个好办法，用冷水洗脸。这一招很管用，尤其是在冬天的时候，水冰冷刺骨，皮肤受到刺激，马上就会忍不住打起激灵，脑子也紧跟着清醒了起来。再回屋读书，就又有精神了。晚上教室一般都是22:30关灯，我就点起蜡烛，一个人在空旷的教室里刷题，教室里非常安静，我就像置身在一个无人的旷野。

时间如同白驹过隙，倏忽间就过去了。转眼间我的高中生涯到了最后一年，紧张的高考终于来到了眼前。那时候的高考与现在的情形有些不同，这些年随着大学的扩招，几乎每个人都有读大学的机会。但那时候名额却是非常有限的，只有极少数的人能够走进象牙塔，成为人人羡慕的大学生，用“千军万马过独木桥”来形容一点儿也不为过。

面对高考，我的心情十分矛盾，既感到紧张，又有些期待。紧张的是，“一考定终身”，万一考砸了，以后又该怎么办呢？期待的是，只要顺利通过高考，我就可以实现自己的大学梦了，到一个全新的环境，开始全新的生活。

那个时候我在镇上上高中，考点全部设在县城的各个中学，参加高考的考生必须要到肥东县城去，颇有点进京赶考的味道。我怀着忐忑不安的心情走进了考场，想着要努力把自己这几年所学的知识全都写在考卷上，然而，现实却给了我最残酷的打击，因为题量太大了，而我的手又有残疾，书写非常不便，所以，虽然我尽了自己的努力，却始终不能像其他同学那样流利地答题，在考语文的时候，我甚至没来得及写作文。

作文的几十分丢了，对考试成绩的影响之大可想而知，我的第一次高考，就这样以失败而告终。高考失利后，痛苦不已的我把自己关在家里，谁也不想见，哪儿也不想去。我的父母看到我沮丧的样子，也忍不住每天摇头、叹气。我更加自卑了。

那时，我每天想的是，我还能干什么？以后我该怎么办呢？像父母一样在家干农活吗？可是我的身体是这种情况，又怎么干得了农活呢？去打工吗？哪家工厂会要我呢？我给自己想了无数条出路，但都行不通。这时，我才意识到，像我这样的一个人，读书已经是唯一可行的出路了，我还有什么资格继续沉沦呢？

于是，我向父母提出：我要复读。我要继续读书，我不甘心自己这么多年的努力就这么打了水漂，我要重新参加高考，我要证明自己。

我来到肥东县城一个补习班，一个近百人一个班的补习班。再次回到学校，我比以前更加努力了。这一次，老师布置一套卷子让我们做，我就做三套；老师让我们把一篇课文背三遍，我就背十遍，直到倒背如流。放假了，别的同学欢天喜地地回家了，我却一直留在学校里复习，不想浪费任何时间。因为上一次高考主要失败在书写效率太低，这一次，我对症下药，开始在这方面狠练，只要一有时间，我就会在纸上写个不停，写到手都发酸了，还要坚持。

一年的时间是那么快，高考再次来临了。考试那几日，我一直住在县城的亲戚家里，从亲戚家到考场大概有3公里的路程，父亲会骑车送我去考场。可就是在考试前几天，父亲的腿在下地干农活的时候被犁给割伤了，刚做完手术不久，还不能骑自行车。

父亲一瘸一瘸地推着自行车送我去参加考试。父亲推着车，满头大汗，我坐在后头，看着他瘦削的后背，心里有些发酸。怕路上耽误，那几天我们都起得很早，我至今还记得清晨县城安静的街道、初升的太阳，以及抹不去的父亲的背影……

晚上就住在亲戚家，我和父亲睡，父亲很早就做完晚饭，我们吃过就上床睡觉了，可是怎么也睡不着，蚊子的嗡嗡声一直盘旋在耳边，辗转反侧，因为床比较小，胳膊就贴着蚊帐，早上起来的时候发现我和父亲都被叮了好多个包。父亲早早起来为我准备早餐，我还记得那几天的早餐是面条加三个荷包蛋，还有一杯“维维豆奶”。

考前的紧张一直延续到考场内，我的每一场考试几乎都可以用“超级紧张和慢”来概括。语文考试的时候，我虽然写字还是比别人慢，但相比上一年已经有了一点进步——到交卷的时候作文已经写了一半。不过，这仍然给我的高考成绩拖了后腿，那一年我的语文只考了 59 分，到现在我仍然记得这个分数。数学那场考试，我也是因为写得慢，最后两道题几乎都没怎么答。

印象最深的是英语考试，我们那时候的答题模式与现在还不太一样，那时候的答题卡上面还有一个模板，要一只手按着模板另一只手涂答题卡，可我由于身体不太方便，左手怎么都按不住答题卡，加上钢笔又漏水，内心的紧张和急躁可想而知。我不停地擦汗，结果弄得满脸全是黑乎乎的墨水。

就这样，我完成了自己的高考。当最后一门考试试卷被监考老师收走的时候，我心里的一块大石头一下子落了地。有点平静，有点恍惚，也有种终于松了一口气的感觉，无论怎样，总算考完了。我记得考试结束后，我走出来，父亲看到我狼狈的模样，泪水一下涌了出来。

高考结束的那天，同学们全都放松了下来，在学校里大喊大唱，有些人甚至把自己的所有书本拼命地往空中扔，尽情地发泄着积攒多日的压抑与郁闷。我也一下子轻松了许多，无论如何，那些黑色的、紧张的日子终于结束了，剩下的，就是怀着忐忑不安的心情等待结果了。

等待的日子总是最煎熬的，一天又一天，我感觉时间仿佛一下子变慢了。终于，高考的分数出来了，我考得还不错，接下来就是填报志愿了。

我的父母希望我能报安徽省内的大学，这样离家近一些，一方面可以免去每年长途跋涉的辛苦，另一方面他们也方便照顾我。起初，我按照他们的想法，填报了合肥的几所大学。但这之后的几天里，不知为什么，我心里一直非常忐忑，甚至寝食难安，或许，潜意识里，我仍然无法摆脱曾经的阴影，担心三年前在那所重点高中发生的一幕再次重演。

我一直在犹豫，到底要不要改志愿，想了好几天，也没有一个明确的答案。后来，在去送志愿去学校的路上，我终于下定了决心，毅然决然地把自己的志愿改了，改成了新疆石河子大学。不久之后，我竟然真的收到了新疆石河子大学的录取通知书。

那天去乡邮政局拿到了通知书，我欣喜若狂，搭着村里的拖拉机飞奔回来，拖拉机奔驰在乡村的土公路上，公路上灰尘四起。快到村口的时候，我透过路上扬起的灰尘隐隐约约地看到头上顶着毛巾，手里攥着一把锄头的妈妈站在村口等我。我看见妈妈时就拿出通知书使劲地向她挥手："妈妈，我考上大学了，我考上大学了，我考上大学了……"妈妈听到我考上大学的喊声，手压着头上的毛巾，肩扛着锄头，一直跟在拖拉机后面跑，一直追，一直跑……气喘吁吁地跑到家门口，接过我的录取通知书，开心地笑出了眼泪。我抱着妈妈，兴奋地嘶吼着告诉妈妈，我考上大学了，我真的考上大学了。我和妈妈就这样抱着，嘶吼着、哭着、笑着。

我时常也问自己为什么要改成这所大学？或许有些人对这个问题非常好奇，但事实上，就连我自己也回答不了这个问题。我对这所大学并不了解，更谈不上喜欢，那时的我甚至连石河子这座城市在哪里都不知道。我想，这或许是一种冥冥之中的缘分吧，但当时最真实的想法就是想去一所离家远一点的地方，没有人知道我的地方。

03 第一次，却是如此不堪

我的大学是石河子大学，我的初恋也是在石河子大学。

1998 年腊月初三，那个冬天的夜晚，新疆石河子下起了厚厚的大雪，室外气温是零下 26 摄氏度。那天晓荟心情不好，想让我陪她出去走走，我们两个人走在雪地上，发出“咕吃咕吃”的声音，稀稀疏疏的雪花在霓虹灯下跳舞，钻进她的发梢里，沾在她的睫毛上……

晓荟是我石河子大学的同学，她很美，在白雪的映衬下越发楚楚动人。不知为什么，我忽然有了点“邪念”，我想牵她的手，可就是不敢，我的心怦怦直跳……我和晓荟是一个班的，是很好的朋友，但也仅仅是无话不谈的好朋友而已。晓荟很漂亮，1.70 米的苗条身材，比我高半个头，有一头乌黑的自来卷长发，皮肤白皙透红，她是汉族，新疆伊犁人，却有维吾尔族姑娘一样长长的睫毛和深邃的大眼睛。喜欢晓荟的男生很多，我也算其中一个，但我也只能把对她的喜爱默默地藏在心里，从不敢表露出来，我们只是好朋友关系。她心情不好，说了好多她自己的故事，但是她具体说了什么，我全都不记得了。当时我只有一个“邪念”，我想拉她的手，我内心充满无限的渴望、蠢蠢欲动的渴望，一团火苗要冒出来，被我压下去，再冒出来，再压下去，最终我没有迈出这一步，没有伸出我颤巍巍的手。足足两个多小时，我的手在零下26摄氏度的雪天里裸露着，冻得手指发麻，我无比期待着一个机会来拉她的手，但是却没有勇气，我知道我的手一直在抖，我的心也跟着在抖。我在害怕什么？害怕被拒绝？害怕因我不配而良心不安？害怕伤害到人家？

那天晚上，我们就这样在风雪中走着，聊着，直到宿舍关灯了，我们都回不去了。我们越来越冷，有点招架不住了，就去了我朋友租的房子里，一进房子，哇！炉火烧得很旺，好暖和。我们把手放在炉子旁边烘，很快我们全身就热起来，她就坐在我对面，微笑着眨巴着眼睛看着我：“冷吧？”我摇摇头：“不冷。”她一下子用她的双手握着我的双手：“我帮你捂捂吧，你们南方人，经不起冻的。”这是我第一次被一个漂亮女生拉着双手。朋友借故走开了，房子里就我们两个人，她一直把我的手握在她的手心很久很久没有松开，我们一直在火炉旁聊天到凌晨三点，有点困了，可是房间里就一张床，还有一台586的电脑，我让她睡，我在电脑上打游戏。她睡了，我就坐在床沿旁。大概到六点多，天还没有亮（新疆八点多天才亮），她翻身，把另一只手放在我的大腿上，却一直没有挪开，还迷迷糊糊地问我：“万志，冷不？”“不冷。”“困不？”“不困。”

我回答的声音有些颤抖，不，我的全身都在颤抖，过了一会，她又说话了：“万志，要不你也躺下吧？”突然听到她叫我躺着，我一下子慌张起来，颤抖着，想说什么，却一个字也蹦不出来……想象中，我顺着她的手颤巍巍地躺下半个身子，另外半个身子还挂在床沿外侧，我极度想靠近她，却不敢靠近，我一动不敢动，我的头已经枕在她的手臂上了，她用手臂用力拉近我的身体，让我靠近她，我听见了她的呼吸，闻到了她身体散发的芳香……

我再也抵抗不住了，我开始焦躁不安起来，我侧过身，一下子抱住她，我开始亲她，她没有拒绝，反而把我紧紧地抱住，我全身的欲火再也控制不住，如滔滔潮水一样涌出……我头脑中形成了无数的憧憬，幻想着无数美好的画面。可当她问我“万志，要不你也躺下吧？”时，我却回答她说“不用，我就在桌子上趴一会儿”后，我真的趴在桌子上睡着了。

那天早晨，她离开后，我觉得整个世界里只有深深的孤独、内疚、自责、失落，自卑如同黑洞一样，吞噬了我。

我恨我自己，我怎么这样？为什么我面对自己喜欢的女孩都不敢直面表达？我的头脑为什么不能成为我自己的主人？

我恨我自己，我怎么这样？我一个走路歪歪扭扭、说话结结巴巴的人，怎么可能获得漂亮女孩子的爱，不把人吓跑就大吉了。她是圣母，她只是在同情我，觉得我可怜，我应该拒绝同情，可我为什么又拒绝不了？

我恨我自己，我怎么是这样，我怎么会这样，我怎么又这样……

很快，我和晓芸就大学毕业了，我们时常会有联系，但每次也只是互致问候。

后来，再后来，我们就很少再联系了，再后来我娶妻生子，她嫁人离婚。

再后来，她读了研究生，现在是大学的英语老师，教书育人。

再后来，只有对那美好时光无尽的思念，写到这里，我泪流满面。

我想起了张爱玲的那句话：人生就像一袭华丽的袍子，里面长满了虱子。现在回头再看，没有谁的人生是幸福的、完美的，漂亮的只是外表，糟糕才是常态，我始终不相信有谁生来就是英雄，就是伟人，就是圣人。

因为自卑，我们会觉得所有的经历都很糟糕，就像我曾经以为自己的青春，自己的初恋糟糕透顶一样；因为自卑，你永远渴望爱情而不得；因为自卑，你永远想抓而抓不住……只有你真正看见自卑给你自己和你的亲密关系带来的创伤，疗愈才会发生。

疗愈的过程，就是能量转化的过程，是自卑的能量从负能量转化为正能量，让你慈悲，让你通透，让你释怀。

我曾经看我的初恋，糟糕透顶，我现在看我的青春，热泪盈眶。

04 拨开自卑的三层面纱

一个人的成长，就是不断自我蜕变的过程，是从自卑走向自信的过程，这是一种修炼，是真正的自我修行，修行不能远离人，远离关系，远离红尘，修行一定是在经历和体验中进行的。

奥地利的一个心理学家叫阿德勒，他对自卑的研究是非常透彻的，他说，人从幼儿期开始，由于无力无能无知，必须依附周围的世界，就一定会产生自卑感。这是自卑产生的根源，就是源于我们出生的时候，没有能力照顾自己，必须依赖于别人，依赖于父母，所以我们就一定会产生自卑感。

如果大家对心理学有稍微了解的话，可能都知道弗洛伊德，弗洛伊德的研究领域是精神分析，他是精神分析学派的鼻祖。在心理学领域里有三个流派，一个是精神分析学派，一个是人文主义学派，一个是行为主义学派，阿德勒和弗洛伊德都属于精神分析学派。弗洛伊德的贡献是什么呢？他提出人的命运是由潜意识决定的，我们能想到的，我们能感受到的，就像大海里的冰山，冒出来的那些小尖尖，就是意识。而海面下的巨大山体才是决定我们命运的东西，这就是弗洛伊德提出的潜意识。

阿德勒是弗洛伊德的学生，他们共同创立了精神分析学派。阿德勒认为每个人都会自卑，阿德勒也认为自卑既有正面的也有负面的，如果你不能很好地认识自卑，那它带给你的就是负面的、毁灭性的灾难，如果你能很好地认识自卑和理解自卑，那么它给你带来的就是正面的、创造性的财富，让你变得越来越好。

自卑是对我们自身缺陷的一种补偿。每个人都不完美，所以每个人都自卑。

阿德勒还有个观点，影响人成长的三个要素，第一是遗传，第二是环境，第三就是个人的创造力。自卑与补偿是阿德勒个体心理学的重要组成部分，也是个人追求卓越的基本动力，阿德勒坚持自卑感是人的行为的原始决定力量，是向上意志的基本动力。

大家的心里要安稳一点了，如果你是个自卑的人，说明你有向上冲击的动力，只是你没有利用好。在他看来，人类本来并不是完整无缺的，有缺陷（包括身体的缺陷）就会产生自卑，而自卑能毁掉一个人，能使人自暴自弃，能使人精神上和心理上产生问题；但另一方面自卑也能使人发愤图强，振作精神迎难而上。

我要告诉大家的是每个人都会自卑，有的自卑感强，有的自卑感弱，我们不用担心自卑会导致自己成为一个软弱无能的人，恰好我们只要正确地对待自卑，才能成为更好的人。最害怕的就是不承认自己自卑而高高在上，其实是在掩饰自己内心的脆弱。

我后来慢慢学习心理学，结合自己的经历，不断地反观自己，我把自卑的表现分成了三个层次，行为层、心理层和潜意识层。

最浅的层次叫行为层，表现为：胆小、恐惧、害怕、不敢行动、老是自我怀疑和自我否定。如果你胆子很小，遇到事情就害怕，遇到事情老是认为自己做不好，即便自己做得好，但是自己心里老是很紧张，结果经常真的做不好，所以就产生自我怀疑和自我否定，久而久之，遇到事情就不敢面对和行动。比如在工作上，上司给你布置了个很重要的任务，按照上司对你的评价你是可以胜任的，但是因为你老是自我怀疑和自我否定，导致你不敢接这个任务，从而失去很多的机会，你特别害怕万一做不好，会给别人带来很多麻烦，会给公司带来很多损失，会让别人更加瞧不起自己。就像我小时候参加奥林匹克数学竞赛考试，我总是给自己心理暗示，万一我考不好怎么办？就是这种万一我考不好的心理，导致了我没考好。其实我很聪明，我可以考好，这种强烈的紧张、压力和过度的担心，就是自己对自己的诅咒，最终导致我考试失败 。我和晓荟的情感经历也是如此。

深入破解自卑的心理特征，就进入了自卑的第二层：心理层。表现为：敏感、多疑、纠结、矛盾、指责、抱怨。敏感是对周围的环境，对当下所在的环境反应过于敏感。比如说昨天领导找我谈了一次话，我来到办公室以后，觉得办公室所有的同事都在用一种异样的眼光看着我，我想他们是不是怀疑老板昨天批评我了，每个人对我有意见了？这其实是自己过度的反应，办公室的人可能对你根本没有什么想法，你以前来办公室别人看你两眼，你今天来办公室别人还是看你两眼，但是因为你内心过度敏感，感觉别人看你就不一样了，这就是内心对环境的反应特别敏感；别人在嘀嘀咕咕地讲话，你总是认为别人在讲你，你总是认为今天你表现得哪里不够好，别人对你的意见会很大，其实这都是你的心理反应，都是你过于敏感导致的。

有位心理学家找了五位美女，对她们进行测试，化妆师在她们脸上画一道疤痕，这道疤痕很丑，画完后让她们照一下镜子，她们一看，这么丑，好难看啊，照完镜子后化妆师说再搽点东西，其实搽东西的时候化妆师把她们的疤痕已经擦掉了。化妆师就让五个美女去逛街、逛超市、买菜，买完回来以后让她们谈内心的感受和别人对她们的反应。她们五个人报告：“出去购物内心非常忐忑，当走到超市以后，发现 80% 的人都盯着我们的脸，所有人都认为我们这么丑还出来购物，我们心里特别恐慌，特别紧张。所以我们能更加深刻地理解那些长相奇丑的人，那些身体有残疾的人，他们的内心得有多大的承受力才能面对生活。”

她们讲了很多，讲完以后，那个心理学家就拿镜子给她们一个一个照，结果每个人看到自己脸上什么都没有，她们的紧张不安就是她们内心的自卑感导致的，这就是我们对外界环境的反应过于敏感。

什么叫多疑呢？多疑和敏感其实差不多，多疑就是疑心太重，老是觉得哪里不对劲，老是怀疑别人不安好心。这个在亲密关系里尤其明显，老是怀疑对方，他的 QQ、微信是不是有问题，他是不是在和别人聊天，他是不是外边有人了；老是怀疑自己的孩子一个人关在房间里到底在学习还是在玩手机；我们也知道，我们不能去看爱人的手机，不应该打开孩子的抽屉去检查他们有什么秘密，但是我们还是忍不住，在有可能的情况下，我们一定会偷偷地看，捕风捉影。这是多疑心理在作怪，虽然我们的意识层面让我们知道这样做是不对的，但是我们还是忍不住地去怀疑，这都是内心的不安全感导致的，从小就形成了不安全感，就会导致多疑。

一个多疑的妈妈会给孩子造成巨大的麻烦，一个多疑的女人会把她的老公往外推，本来没有什么，因为你多疑让他不得不想逃。

纠结和矛盾是什么意思呢？我在做重大人生选择的时候，内心常常很纠结，不知道该选什么。

第一，我真的不知道我想要什么。现在有鱼和熊掌，你让我选一个，我不知道选哪个，我很纠结。

第二，我知道自己想要什么，但是如果我要了这个东西，可能别人也想要，或者别人不希望我拿这个，于是我就担心要了这个东西会造成别人的不开心。比如说我谈了个女朋友，我妈妈不满意这个女朋友，但是我心里很喜欢，如果我和她结婚就伤害了我的妈妈，我妈妈非常难过，我妈妈养我不容易，所以我很纠结。再如，我谈了一个女朋友，我妈妈又给我介绍了个女朋友，我到底选择哪个呢？因为内心的自卑感导致我特别在意妈妈的想法，我想要的和我妈妈想要的不一样，所以我特别矛盾，我不能平衡利弊关系，我总是在利弊中徘徊。如果选择我妈妈想要的，我的内心可能会不甘，但如果选择我想要的，妈妈肯定会很痛苦，所以我很矛盾。所以在遇到重大的人生选择的时候，我们会特别矛盾和纠结，而这样的心理归根结底都是自卑导致的。

什么叫指责和抱怨？指责就是如果我遇到问题，我认为一定是别人不作为，没有尽力，别人的道德、人品有问题，所以导致了问题的产生。指责还有一个方面是指责自己。还有一种人，学了一些所谓的心灵鸡汤：“天下所有的问题都是自己的问题，我是所有问题的根源。”他没有很好理解这句话，凡是遇到问题，他就指责自己。指责自己也是自卑的表现，而遇到问题如何能真正找到原因，这才是我们要注意的。

抱怨就是你认为命运不公平，比如说：为什么我是个残疾人，他生下来是个健全人；为什么我家在农村那么穷，他家为什么住高楼大厦；为什么我上个普通的学校，而他就上了一个私立学校。所以经常抱怨的人走到极端会犯罪，会产生罪恶心，来伤害他人，伤害社会。

自卑的第三层，我们叫潜意识层。所谓的潜意识是自己意识不到的意识。

潜意识层的自卑有几个方面的重要表现。

第一个叫对比。特别喜欢对比的人，是一个内心自卑的人。对比有好几种表现形式。

一、拿自己的缺点和别人的优点对比，导致自己内心更加自卑。

二、拿身边的人和别人对比，我的老婆怎么样？他的老婆怎么样？我的孩子怎么样？他的孩子怎么样？就喜欢这样的对比。

三、拿自己的优点和别人的缺点来对比从而沾沾自喜，我的孩子数学一考就考 100 分，隔壁孩子一考就考 80 分。

对比会产生一种什么样的后果呢？如果我不如人，内心就产生了强烈的不满感、不公平感。表面上我可能会羡慕别人，实际潜意识上却带着嫉妒和恨，在英文里边羡慕、嫉妒是一个词语。如果我胜于人，我会洋洋得意，我会有自豪感，自豪感走到极致的时候，便会目中无人，高高在上，而且会放弃应有的努力，最终摔得很惨。

第二个叫证明。特别想证明自己给别人看，活在别人的眼光和世界里，你做的所有的努力只是为了给别人看，得到别人的认可。当别人对你的认可越来越少的时候，你就会慢慢失去自我，为他人而活，你很难获得成就感。所以越想证明给别人看，越难以获得成功。

第三个叫对抗。一个人老是喜欢和别人斗，别人一说他不行，他立马反抗。内心自卑的夫妻很容易出现家庭暴力，夫妻之间永远在吵架，相爱相杀。你说我不行，我就证明自己给你看，我就要和你对着来，你叫我不要做，我偏要做，对抗的本质是情绪不能合理地表达以及产生的认知偏差。

第四个叫控制欲。越是内心软弱的人，越是没有安全感的人，越是想控制对方。控制欲可以分为两种，一种是正面的控制欲，一种是负面的控制欲。负面的控制欲就是你有特别强烈的欲望来抓住别人，越想抓住，越会失控，这一切都是由自卑感和内心的不安全感导致的。

正面的控制欲就是掌控，掌控很重要。一个内心逐渐通过自我成长变得强大的人，一个正面的过度补偿的人，他能够掌控自己的命运，他不仅能够掌控自己的命运，还能够无形地让别人围绕着他转。比如说一个掌控欲很强的人，他会自带磁场，只要在那里一坐，或者只要在台上一站，所有的目光都会聚集在他身上。

正面控制，叫自控，掌控自己能够掌控的，命运掌握在自己手中，正所谓我命由我不由天。负面控制，叫控他，想抓住别人，却被自己的执念控制，会抱怨，命运由天不由人 。

看看，自卑的三层面纱，你是不是也中招了？看到这里，我希望你合上书，闭上眼，自省一下看自己在哪个层面。

05 自卑，通过努力来补偿

其实我们每个人都是自卑的人，就是因为自卑，我们才能够成长，最害怕的就是意识不到自卑，觉得自己很牛，很强大。只有意识到自己的不足，补偿才会发生。

我一直在强调一个词语，在心理学上叫过度补偿，我来和大家简单讲一下阿德勒的过度补偿的含义。过度补偿分为两种，一种叫成功的过度补偿，一种叫失败的过度补偿，或者一种叫被动的过度补偿，一种叫主动的过度补偿。

所谓成功的过度补偿是指过度补偿的结果是积极的，这种过度补偿建立在对自己、对他人正确的认识基础上。成功的过度补偿的例子很多，比如说我因为天生的残缺，导致内心的自卑，后来我通过自己的努力，获得了自己想要的成就，这就是成功的过度补偿。在这个世界上，我们知道很多残障人士，比如霍金，他取得那么伟大的成就，他就是成功的过度补偿；比如贝多芬，他是有听力障碍的，他能弹出那么好的音乐，都是因为成功的过度补偿。我们听过这么一句话，上帝为你关上一扇门，必然给你开启一扇窗，这个窗就是你的成功的过度补偿。

失败的过度补偿是指个体没有对自己、对他人形成正确的认识，形成一种不正常的过度补偿心理。他们无法正视自己的缺陷，也就是他们不能够真正接纳自己，或正视自己的缺陷，不能够以积极的心态解决问题，只能通过侵犯他人、牺牲他人的方式来减轻自卑感，这叫失败的过度补偿。

他们为了实现自己的优越感，不惜损害他人和社会的利益，最终非但不能实现正常的补偿，还给社会带来了危害。很多罪犯都是因为不正常的过度补偿心理，不能够正视自己的缺陷，反而用伤害他人的方式来获得自尊和优越感。作为安徽省残联的副主席，我对残疾人的研究是非常透彻的。我国有 8500 万残疾人，有的残疾人因为残疾，会奋发图强，他能够接受自己残疾这个事实，活出自己精彩的人生，这就是正确的成功的过度补偿。但是有一些残疾人会自暴自弃，会以损害他人的利益、损害社会的利益来补偿自己。他心里感到极度的不公平，有的聋人，他去偷、抢，损害社会的利益，他不能够正确地接纳自己，不能够正确地对待自己，从而产生一种心理的不公平感造成的过度补偿，这就是失败的过度补偿。

有的人会这样想：上帝给我们关上了一扇门，幸好为我们开启了一扇窗，我应该朝窗的方向努力，从窗户投射进来的阳光，让我心里感觉到温暖，我要把自己活成那束光。但是有太多的人会这样想：我恨上帝，为什么把我这个门关上了？给我开一个小窗子有什么用？为什么别人有门，我只有一个破窗户？我讨厌这个破窗子。

我突然想到我的一个好朋友，重庆刘一手火锅集团创始人刘松。他只有一只手，于是他给自己的火锅品牌取了个名字叫“刘一手火锅”。现在他在中国有几百家的连锁店，我给他们集团高管和各地区加盟商老板做过内训，我觉得刘松最厉害的地方是他不仅仅接纳自己的残缺，而且还把劣势转为优势，这就是成功的过度补偿。

我还想起我的一位残疾人朋友，他叫高广利，很多电视台报道了他，他跟我一样是脑瘫，不能走路，病情比我还严重，可是他能够娴熟地用舌头折出各种各样的千纸鹤，看得我目瞪口呆，我觉得他太帅了。在这方面，他训练出了非凡的能力，无人能及，并被载入吉尼斯世界纪录。有一次，有网友说，上帝给他关上一扇门，却给他打开一扇窗！他调侃道：“上帝连窗户也关上了，我是打老鼠洞出来的。”

阿德勒曾说，自卑几乎是所有成功人士背后的动力。这就是自卑的积极因素，一个人感到自卑，可以推动自己去创造事业巅峰。

所以你要很好地认识和接纳你的自卑感，你要做一件很重要的事情，千万不要一下把你的目标定得特别高，一定要把你的目标分解成很多小目标，完成这些小目标你的内心就会有愉悦感和满足感。完成小目标会让你分泌更多的快乐因子，让你的生命变得有力量。你知道自卑的人会对比，他发现别人更厉害，就觉得自己还是要努力，我今天做 5 单，别人今天做 20 单，我要更加努力，然后就会争取到更大的价值，把我的目标再稍微定高一点，再高一点，慢慢地完成我的小目标，最终会让我完成大目标。一个伟大的目标是这样来的，一定不是一开始就定出来的。这就是自卑带给你的积极的影响。

那么消极的、负面的自卑是怎么阻碍我们前进的？尽管自卑感对有些的成功起到一定的积极作用，但是，它们也会导致我们产生心理问题，甚至身心疾病。一个人会被自卑感弄得心灰意冷，万念俱灰，百事皆输。在这样的情况下，自卑感是一种阻碍因素，而不是一种积极因素。自卑的负面影响，会导致我们产生自卑情绪，比如自恋、臆想、抑郁、强迫症，甚至精神分裂等，一旦你形成这样的情绪，你很难去打破，而且深陷其中，恶性循环，不仅自伤，还会伤人。长此以往，有些人会产生一种悲观厌世的情绪，甚至会有轻生的念头。

我想和各位说，希望你们好好领悟我下面的这段文字。自卑感是产生自我封闭心理的根源，很多抑郁症、焦虑症、精神分裂症都是由自卑感产生的。就是说，我老是觉得自己不如别人，我会把自己封闭起来，以免受到外界的伤害，这叫自我防御或自我保护。如果你不能够很好地引导孩子，它真的会在孩子心里留下非常阴暗的一面。父母、老师对孩子的评价极其重要，都会对孩子内心产生巨大的影响，比如："你太笨了""你脑子进水了""饭桶一个""蠢货一个"这样的语言就可能严重地挫伤孩子的自尊心，使他产生深深的自卑感，而且他会慢慢扩散这种错误的心理定位。他认为自己不行，"你看我妈都说我是个大笨蛋，我就是个大笨蛋，我妈都说我是个饭桶，我觉得我可能没啥价值"，这样就引发出了人际关系的障碍和许多行为上的失当，妨碍生活学习、人际交往，使其产生很大的心理障碍，尤其是打压性、指责性、否定性、贬低性、讽刺性的评价，会让你的孩子内心产生自卑感，而且他会蔓延这种自卑感，从而给孩子造成巨大的心理阴影。

我用了 40 多年的时间走出了自卑的阴影，在这 40 多年里，我经历了怎样的过程，有怎样的人生体验，我会把这些经历、体验和方法分享给大家，陪着大家一起治愈童年创伤，我希望你也能早一点走出来，走出自卑，活出真实的自我。

第二章

超越

有的人，有一个幸福的童年，可以滋养自我
有的人，有一个不幸的童年，可以超越他人
幸，则好
不幸，则更好

01 刮骨疗伤

“天行健，君子以自强不息。”自强不息，就是不断地强大自己，人天生虚弱、残缺、无能、自卑，需要依靠妈妈抱扶支撑才能够得着奶喝，才能活下来，至少十个月后才会站立行走，养育者精心抚养，孩子才能茁壮成长，不像很多哺乳类动物，天生就会站立行走，寻觅食物。所以，作为人，在生命最初，一方面需要无微不至的爱来获得最初的力量，一方面需要你能够接纳自己的虚弱、残缺和自卑，并积极努力克服，争取看见自己的优势，并且不断强化优势，从而获得力量，获得幸福，获得更好的人际关系。

但如果因为自卑不能够面对和接纳自己的残缺，而且自己或养育者在有意识无意识地强化残缺的部分，甚至把优点通过无意识的不断暗示，变成了残缺，人的意志在后天的环境里（尤其是家庭环境）不断受到自我摧残，面对来自外界的打压、否定、冷嘲热讽，久而久之，我们就会消沉、冷漠、绝望、自暴自弃，甚至想放弃人生。

前者是自卑的积极过度补偿，后者是自卑的消极过度补偿。消极自卑的后果归纳起来有四种。

第一，事业上你无法得到满足和愉悦感，你总是遇到瓶颈，无法突破，即便你赚了很多钱，你都觉得自己很穷，你没有价值感，在事业上你是痛苦的，不是享受的。

第二，在亲密关系里面，你无法得到幸福感和安全感，你总想抓住对方，可怎么也抓不住，你有深深的不安全感，这些感觉大部分来自童年没有得到爱的滋养（后面我会大篇幅写童年的创伤）。

第三，你不仅自己没办法在事业和感情上很好地处理自卑情绪，还容易把你的自卑情绪传递给你的孩子，而最终你的孩子也活成了你讨厌的模样，其实那就是你的样子。

第四，自卑的严重后果还包括心理疾病和身体疾病，很多的心理疾病，都是长期的困扰、压抑没有得到释放而导致的。

弗洛伊德说，童年那些情绪如果不能合理地表达出来，它就被活埋了，以后一定会以更加丑陋的方式冒出来。

这个丑陋的方式有很多，破坏自己——生病，毁灭自己——自杀，破坏他人——对抗，毁灭他人——杀人……

导致自卑的原因，我也给大家归纳几点。

第一个最核心的原因，是我们天生的虚弱和缺陷，这是我们无法改变的。比如说我出生就是残疾人，无法改变；比如每个人生下来都是虚弱的，必须依靠妈妈抱着才能吃奶，否则就会死掉，这就是天生的自卑，我们每个人无一例外。

我们展开一下说，比如有的孩子身材不高，有的孩子很胖，有的孩子少白头，有的孩子大龅牙，甚至有的女孩子觉得自己的胸很小，有的男孩子上厕所觉得自己的鸡鸡比其他同学小，这些都会导致自卑心理，这很微妙，但非常现实，很多人不承认，甚至有的家长不屑一顾。如果孩子提及此事，家长就会呵斥，甚至当头一棒。这样，孩子想沟通表达的情绪就被活埋了，从此孩子也埋下了自卑的种子，总有一天这种自卑会以更加丑陋的方式表达出来。

我的孩子也不高，老大今年 18 岁了，好像 1.70 米还不到，孩子上初中就害怕自己长不高，自己买吊环在家吊，我就和孩子开玩笑说："你死了这条心吧，你爸 1.60 米，你妈 1.50 米，你能长高的话，人家会怀疑你到底是不是我们亲生的，哈哈……"从此孩子就接纳了自己长不高的事实，而一直以自己的帅气自诩。

第二，后天的匮乏，让我们因为条件不如人而深陷自卑。寒门出贵子，穷人的孩子早当家，这是我们传统的毒鸡汤。现在有无数的心理学家、社会学家通过研究调查，家庭条件差点的孩子获得的成就要远远低于家庭条件好的孩子，我们说的是概率，不是个案。不仅仅是因为财富、教育资源分配不均，最重要的是家庭条件差点的孩子更加自卑，如果家长不能帮助孩子积极地面对和过度补偿，孩子就会深陷自卑之中，无法自拔，更不可能早当家。

我们国家随着改革开放 40 多年的发展，经济发展太快，像我们这些 20 世纪 60 年代、70 年代、80 年代出生的人，小时候物质基础很差，所以我们深知现在的美好生活来之不易，总希望我们的孩子好好珍惜。因此有一些家长为了让孩子吃苦，送孩子去贫穷的地方体验生活，或者故意制造困难，让孩子经受人为的挫折，好让孩子懂得苦尽甘来的道理。但是这未必是好事，挫折教育，是让孩子经历真正的挫折，培养他们在冲突中解决问题的能力，这些麻烦现实生活中处处皆是，无论是家庭条件差人家的孩子还是家庭条件好人家的孩子，都一样。家庭条件差人家有家庭条件差人家的烦恼，家庭条件好人家有家庭条件好人家的痛苦，让孩子真实地经历这些，不要把孩子包裹起来，才是真正的挫折教育。

哈佛大学做过很多类似这样的研究，专家对 100 名贫困家庭的孩子跟踪 10 年以后，发现只有 3% 的孩子变得非常优秀，而 100 名富裕家的孩子，有 25% 以上变得非常优秀，后来在家庭、事业上取得幸福和成就感的，富人家的孩子比穷人家的孩子比例要高得多。

第三，童年的创伤，是原生家庭给我们带来自卑最直接的原因。什么叫童年创伤？就是在我们很小很小的时候留下的创伤。刚出生的时候，我们需要依靠父母才能生存，这时我们就要和妈妈或养育者建立稳固的依恋关系，我们的需求是能够第一时间被妈妈看见，因为被看见，所以我们安心。但是，由于种种原因，婴儿出生后以及在成长环境中，他并没有能够和妈妈或者养育者建立稳固的依恋关系，孩子的需求没有被看见、被接纳，那么就有了创伤，这种创伤叫遗弃创伤。比如妈妈有严重的产后抑郁症、焦虑症，她就不可能做到及时地回应孩子。

有很多原因都会导致孩子有被遗弃的感觉，比如：夫妻关系不好，经常在孩子面前吵架；父母的不安全感和焦虑的情绪；我们传统的教育观念；没有很好的母乳喂养；父母工作繁忙，不能很好地照料孩子，特别是孩子在3岁之前；隔代抚养；等等。这些都可能会造成孩子出现遗弃创伤，而导致深深的自卑感。

孩子只有在婴幼儿期得到很好的照料，建立稳固的依恋关系，孩子长大后才有力量离开父母，独立自主面对世界。

为什么孩子会叛逆？叛逆就是他要挣脱你的控制，他要为自己做主。但是因为父母自身成长的问题，他们总想控制孩子，让孩子什么都听他们的，如果孩子不听他们的，他们就变得焦躁不安，然后更加想控制孩子，形成恶性循环。父母的爱最终是为了指向分离，而不是共生共融。但是很多父母，不让孩子离开自己，而死死地控制着孩子，不是孩子离不开父母，而是父母离不开孩子。孩子本来就是一个弱小的生命，在你强大的掌控下，他没办法认同你，但是他又必须听你的，那么他到了该独立的年龄却没有得到独立，没有能够挣脱你。在你所谓的温暖的爱的控制下，会变得越来越没有独立的能力，最终自暴自弃，不再挣扎，变成了妈宝男或妈宝女，这是第二种童年创伤，孩子被家长吞没了，没有了自己，这叫吞没创伤。

后精神分析学派认为：所有的关系模式，都是童年关系模式的不断重复和再现。从小和妈妈没有形成一个稳固的依恋关系，就造成了遗弃创伤，从小缺乏安全感，那么他长大以后谈恋爱结婚生子，都在寻找这种依恋关系。

同样，如果他的童年没有能力或没有真正地做自己的主人，那么长大以后，他还是在一直寻找为自己做主的感觉。有的孩子叛逆期可能在六七岁，有的孩子在十五六岁，有的孩子一生都不叛逆，因为父母太强了，他根本逃脱不了。这样的人成人以后，一样会叛逆，只不过他叛逆的时间来得晚一点。那他叛逆的模式是什么呢？有可能他在人际关系中变得冷漠，也有可能背叛家庭，移情别恋，你越是黏着他，他越想逃跑。逃跑就是叛逆，你越爱他，他越不想回家，他需要自己的空间，拒绝吞噬他的人进来。

02 自我认知

第一个方法叫认知法。自我修炼是每个人一生的功课，我把我四十多年的心得分享给大家，希望能够给你们启发，提高你们的认知，也给你们提供一些学习和成长的方法论，但并非能让你们一夜顿悟，从此解脱的武功秘籍。你读了我的书，你的麻烦和痛苦一样不会少，甚至随着你认知的提升，会变得更多，因为格局大了，认知广了，你看到的东西多了，麻烦自然多了。马云的格局很大，认知很广，事业不得了，但是他的问题和苦恼是一百个崔万志都比不了的。

你也许会问："那我学习有什么用？"你成长了，你会有智慧应对更大的烦恼，不再畏惧和害怕。你达到一个新高度时，你的人生体验是不一样的，你会活得更加精彩。

如何提高自己的认知？首先我们就要了解认知法。认知法就是全面辩证地看待自身的情况和外部的评价，以及自身的性格特征。人无完人，每个人都有自己的缺点，所以你不要对自己要求得那么完美，你要认知到自己是有缺点、有缺陷的人，而且你能接纳自己的不完美。

比如，我崔万志是一个残疾人，走路歪歪扭扭，说话口齿不清，这是改变不了的事实，所以我只能接纳自己是个残疾人。如果你的内心没有办法全面地接纳自己，就永远不能够清晰地认识自己。

同样，我们对所有的人，都要以这样的认知法去对待，就是每个人都有优点有缺点，我们要学会接纳自己的缺点。只有接纳自己的不完美，才是你内心产生力量的开始。

每个人天生基因不一样，再加上环境的影响，经历不一样，人在性格上的差异会很大，后面我会专门给大家分析性格差异对人一生的影响。我的老师乐嘉一直在普及的“性格色彩”是个非常有用的心理学应用工具，可以指导我们如何认识自己，了解他人。因为性格的差异，每个人都自带优势和劣势、长板和短板，每个人都有自己的潜能和死穴，我们必须认清它。比如说，我是一个红色性格的人，我的优势是乐于分享，带给大家快乐，善于交朋友、与人沟通，思维比较活跃，感染力很强，创新的精神很强，等等，但是我的性格里还带着一些缺点，比如红色性格的粗心大意、情绪波动大、做事情虎头蛇尾、三分钟热度、善变、死要面子活受罪等，这些缺点有可能就是我的死穴。我接纳自己，我原本是什么样子，我都承认了，我在某些方面不如你，你在某些方面比我优秀，我会发自内心认同。

前段时间遇到我的一位学员，有一天我们在微信里聊了很久，她的女儿今年13岁，明年中考，她的女儿跟我一样，是位脑瘫患者，不能考体育，她问我怎么办，她现在非常焦虑，发愁，头发大把大把往下掉，我很好奇，就问她："现在国家政策那么好，残疾人应该可以不考体育的啊？"她说："是的，但是学校要我提供残疾证，我们就可以不考体育。"我问她："难道你的女儿没有残疾证吗？"她说："没有，我没有给她办。我不想让她认为自己是和别的孩子不一样的残疾人，我不想给她打上'残疾人'的标签，所以我一直没有给她办理残疾证。"她继续说，"我一直鼓励她，你和正常的孩子一样，你不要把自己看成一个残疾人。"我听了这个话之后，内心五味杂陈。

我想了很久后给她发了大概20分钟的语音，我说："你在回避，你不仅自己回避，还让你的孩子回避现实，让你的孩子不能真正地认识自己和接纳自己……这个会导致以后你孩子的内心越来越自卑，越来越敏感，甚至会导致你的孩子心理出现严重的障碍和疾病。一个内心能够走出自卑的健康的人，一定是建立在客观地认识自己、接纳自己的基础上的。你的孩子我不知道她能不能接纳自己，但是你作为一个妈妈不能接纳你的孩子，你用这样的方式逃避，甚至和自己有个残疾孩子这个事实对抗。"然后这个妈妈就讲："我就是害怕她自卑，所以我跟她讲，你是一个正常的孩子，你和正常的孩子是一样的，不让她内心有残疾的阴影。"我就跟她讲："即便你不让孩子觉得自己是个残疾人，她内心极其清楚她就是个残疾人，只是不愿意承认而已，就像你不愿意承认你的孩子一样。你现在要做的是赶紧带你孩子一起到残联去，办个残疾证，然后你要告诉你的孩子，你其实和别的小朋友是不一样的，你的身体有一些残障，这是事实，但妈妈很爱你。”

后来这个妈妈帮她女儿办了残疾证，她带她女儿来见我，女儿比较文静，有些内向，我心疼地看着她说：“孩子你和我一样，我们都是残疾人，这是我们改变不了的，我们有很多不方便的地方，需要付出更多的努力，这是必然的，以后可能有其他同学对你有一些偏见，那也是正常的，毕竟我们身体与众不同……”我很欣慰，我和孩子聊了半个小时，孩子从不说话，到流泪，再到点头，再到露出会心的微笑，我就知道这个孩子以后肯定不会太自卑，一定可以成为一个内心富有的人。

我记得小时候，我爸经常跟我讲：“你看你说话说不好，行动又不便，你要更加努力，你要比别人付出10倍甚至更多的努力。”其实那个时候，我爸就能够这么教我，我现在想想，我爸真了不起。首先，他让我能够认识到自己是跟别人不一样的，这是事实，我们必须接纳。其次，他鼓励我要更加努力，只有通过努力和这样健康的过度补偿才能让自己变得更好。

感谢我爸爸！

03 转移大法

第二个方法叫转移法。就是把我们心里的注意力转移。做你喜欢的事情，从而淡化你的缺陷，内化在心里的阴影。比如说：我行动不便，手脚腿不好，如果我的心是一直在手和腿上，跟我的手脚过意不去，我会更加焦虑、抑郁和自卑。那我必须把我的注意力转移到我感兴趣的方面，如果我能把我喜欢的事做得更好的话，我会有成就感，这会滋养我自卑的内心，自然产生力量。

我很感谢我爸爸，我小时候，他培养了我一个下象棋的爱好。我在六岁的时候就跟着我爸爸下棋，到八九岁的时候，我的棋艺很高了，爸爸根本就下不过我，而且村里的那些叔叔爷爷，80% 的人都下不过我，那些和我同龄的孩子，也没有几个人可以下过我的。一旦我下棋的时候，我就特开心，沉浸在棋中，我都忘记了我还是个残疾人，特别是赢棋的时候，我内心充满喜悦、自豪、自信。输棋的时候，就有一股劲，不赢决不罢休，这也锻炼了我坚韧的性格。

所以从小培养孩子的一些兴趣，是无比重要的，特别是当你的孩子主动地做某个事情，比如喜欢绘画，喜欢书法、弹钢琴，喜欢打球运动，喜欢跑步，甚至打电子游戏，只要他能够体验乐在其中的愉悦，并能够获得一定的成就，内心自然有自信感，这样会减少他内心因其他方面自卑带来的阴影。

04 行动疗法

第三个方法叫行动疗法。行动疗法就是我们必须通过行动来让我们成长。我们懂得那么多的道理和认知，我们不去行动都只等于零。所以我们一定要去行动、去做事、去体验。走出去，是我们行动的第一步。我们可以去旅游、学习、交流、工作、创业，或做公益，帮助更多的人，等等，这样去体验、去感受，而不是活在自己的想象中。我们有两个我，一个是大脑里的会设计很多想法和故事的虚幻的我——假我，一个是去感受、体验、触碰现实的真实的我——真我。有人一辈子活在自己的想象中，他认为对的就是对的，他认为错的就是错的，他不知道世界有多么复杂和精彩。

我们通过行动来赢得社会对我们的认可。当你获得了一个小小的成功，你的内心是有喜悦感的，这让你的内心自然地产生力量，这就叫行动。

但是我告诉你一条非常重要的原则，你一定要记住下面的话：只要有行动，就一定会有失败。胜败乃兵家常事，生活就是这样，失败是常态，每个人都是如此，所以你不要害怕失败，而要接纳失败，在失败中汲取经验，不断地调整步伐和心理状态，继续前行。一个明智的人行动了，失败了，他有两点会与众不同：一是不会死磕，而是接受失败；二是汲取经验，继续行动，不会放弃。

人生就是折腾，折腾又不会死人，怕啥！

05 过度补偿

第四个方法叫过度补偿法。过度补偿，就是通过努力奋斗，以某一方面突出的成就来补偿人生的不完美。说白了就是扬长避短，化自卑为自强不息。

我们“少年中国说”特训营的一个孩子，成绩在班里一直是倒数。他妈妈带他来我的课堂，一说起这个孩子，就难过得泪流满面，我问她孩子有什么兴趣爱好，她说：“就喜欢打球。学习不好，还打球。正事不好好做，歪门邪道，打篮球能当饭吃吗？你能进国家队吗？你能当球星吗？有什么用？我不反对你打篮球锻炼身体，但是你不能只打球而不抓学习成绩……”妈妈有一肚子苦水想要和我诉说。孩子买了 5 个篮球，妈妈把 5 个篮球都毁掉了。孩子来到我的课堂沉默寡言，不愿说话，即便开口，语气也很弱，声音很小。通过我的心理辅导，孩子终于发表了《妈妈，还我篮球》的演讲，最终他和妈妈在课堂上抱头痛哭。

我跟他妈妈说："孩子已经学习不好了，你还把他唯一的特长给抹杀了，这是要孩子的命啊，你把孩子往深渊里推呀。唯一让孩子觉得自豪的就是打篮球。他用打篮球的方式来弥补他的学习成绩不好，补偿他内心的自卑。"

明白吗？扬长避短。就是本来我的学习成绩不好，这是事实，我已经改变不了，我们就需要发自内心地接纳，我喜欢打球，打球我才能体会到快乐，打球我才能觉得自己还不错，自己是好的。只要孩子认为自己是好的，就没有多大的问题。可是我们的家长把一个个"好"都给摧毁掉，活埋掉，让孩子觉得自己没有好的东西，觉得自己一无是处，那他必然越来越没有力量，甚至想毁了自己。

我跟孩子的妈妈聊了两个小时，后来她终于开窍了，还给孩子买了一个篮球作为孩子的生日礼物，他们的母子关系也和缓了。妈妈说，突然觉得孩子懂事了，还懂得了感恩。关系就是这么微妙，妈妈原本认为孩子是白眼狼，一点感恩之心都没有，讲话也不听，还处处和父母对着干，后来发自内地心支持和鼓励孩子打篮球，不再强制孩子学习，孩子感受到了妈妈的爱，自然懂得了感恩。

然后，你们知道吗？奇迹就发生在这里，孩子特别喜欢打篮球，在学校里打篮球的水平很高，成了很多同学心目中的偶像，特别一些女生觉得他投篮的样子很帅，这个孩子的自信心一下子就爆棚了，天天放学回家时还哼着小曲。孩子在第二学期的考试中竟然考到了班级的中等水平。妈妈想都不敢想，成绩从来没有突破倒数 10 名的孩子，现在却是班里第 23 名。

这就是过度补偿带来的力量，这也是上帝为你关上一扇门，同时也给你开启一扇窗。一处不足，一处补偿！我们做家长的要看见这个补偿，支持他，而不是毁灭他。

06　关系疗愈

第五个方法叫关系疗愈法。人是社会的人，人活在人与人、人与物的关系中，关系即通道，通了人心就会感到顺畅，阻了人心就会感到痛苦，关系就是我通向你，你通向我。但是每个人基因、人心、人性、性格、思维、环境、经历都不一样，所以在关系中，我通向你的那个能量不一定是你通向我的那个能量，我给予你的如果不是你想要的，一定会给你带来痛苦和麻烦。所以在关系中既会感受到爱，又会感受到痛，活在关系中，才是活在真实中，我们都是有情有爱、有血有肉的人。很多人可能因为在关系中遍体鳞伤，无法解脱，才去出家，这类求神拜佛的人，我认为在逃避关系，隔离关系，而不是有真正的信仰，也无法真正地解脱，良好的关系是一切疗愈的开始，所以人必须活在关系里面。

真正能够疗愈自卑的一个非常重要的关系是亲密关系。关系首先需要被看见，你看见，所以我存在。一段好的幸福的亲密关系，必然让你的内心滋生出很多力量，所以为什么人在谈恋爱的时候是最美的，因为人在恋爱的时候身体会分泌出很多的荷尔蒙和多巴胺，让你生命绽放，让内心滋生无穷的力量。

怎样才能拥有一段深度的亲密关系呢？从现在起，你要学会投入地、大胆地、无条件地、心甘情愿地去爱，勇敢地坠入爱河，哪怕未来遍体鳞伤。

这种爱可以延伸到对父母、对孩子、对朋友、对事业、对社会、对国家的爱。爱是化解一切自卑的根源，这种爱是无条件的、心甘情愿的、没有控制的，包含着深情、道德和慈悲。真实地体验它，活在真实的关系中。《囧妈》里有一句经典台词：你爱的是你幻想中的我，我并不是你幻想的那个样子。积极的自我评价，可以帮你从幻想回到现实中。

07 公众演讲

第六个疗愈自卑的方法叫演讲法。演说能够让你从自卑走向自信，一个人敢于挑战自己，站在台上讲话，就是一种非常有效的自我修炼。当你紧张地站上舞台开口说话的时候，就是你自我突破的时候。如果下面观众能够不断地回馈你掌声，你的内心自然地就会有力量，所以每一次上台都是一次自我突破。

以后听演讲，哪怕这个人再紧张，你都不要吝啬掌声，你的掌声会助人，助人就是助己，赠人玫瑰，手有余香。

真正的演讲是什么？真正的演讲是打开心扉，一个自卑的人很难打开心扉，心理是压抑的、闭塞的，然后把自己裹在封闭的世界里。而演讲恰恰是打开心扉的最好方法。发自内心地讲你的经历，以前不敢向世人展示真实的你，害怕丢脸，害怕别人说这个人怎么这么差劲啊，今天有机会讲你的那些惨痛的经历，讲那些你不愿意敞开心扉的东西，如果你有勇气打开心扉，将内心的感受真实地表达出来，那你就一定会成长。

如果说你能走上舞台演讲，那么代表你自信力增加了，如果你能够打开心扉把你的故事投入地、含着深情地表达出来，一方面你心里的那种压力那种包袱就会消失，另一方面你会发现，原来在这个世界上跟你一样的人很多，甚至比你悲惨的人还很多很多。真正的好的演讲，一定能引起别人的共鸣和共情，而不是把自己塑造得高高在上很厉害的样子。当你真正打开心扉之后，你的疗愈便开始了。

08 自嘲心法

第七个方法叫自嘲法。特别是身体有缺陷的人，走出自卑的必经之路就是你要学会接纳真实的自己，这是一条漫长的必经之路。自嘲是一种很好的自我接纳的方法，比如说你是一个大龅牙，比如说你个子很矮、身体很胖、没有头发、胸部平平、长相很丑……你能接纳自己的样子，接纳这一切你无法改变的现实，就是疗愈的开始。自我接纳一个很好的方法就是拿自己的缺点来开涮，我特别害怕别人知道我的缺点，害怕别人嘲笑我，害怕别人讽刺我，我就先自嘲，在别人黑我之前我先把自己黑倒，这就是自嘲法。

我和我的爱人都是残疾人，我身体不方便，我的爱人听力不方便，你们知道一对残疾人组合的家庭最害怕的是什么吗？最害怕的就是父母的残疾会让孩子内心有阴影，很多残疾人的家庭都会产生这样的恐惧心理，很多残疾人家庭都不要孩子，即便有孩子，大部分孩子也很自卑，他们因为自己父母不正常而觉得自己低人一等，抬不起头。那么我们是怎么做的，让孩子不因父母的残疾而感到自卑的呢？

我们自己能够坦然接受自身残疾，而且我们不会谈残色变。第一，说到残疾，我们的态度是坦然的，不会紧张；第二，我们经常拿自己开涮，自嘲，我们一家人乐在其中。这样，孩子就不会把残疾看得很特别，会认为这是再正常不过的事了。

记得我家老大小时候写作业，写到晚上 11 点还没写完，那时候他还在上小学，我说："小子，如果再给你半个小时作业还不写完，老子就把你腿打断。"我立马找了一把扫帚，我孩子说："那我是不是也要办一个残疾证啊，那我们一家人就可以成立一个老弱病残组合了。"还没说完我们就哈哈大笑了。

一天晚上我要跟我的小儿子一起睡，他说："不行，我不跟你睡，我去找妈妈睡。"我问："为啥？"他说："你是残疾人，晚上怪兽来了你打不过他，妈妈可以打过他。"我说："那妈妈听不见啊？"他说："有我在啊，我有耳朵，可以借给妈妈用啊。"这样的故事在我们家里非常常见，所以我的家庭不会因为我们的残疾导致孩子心理自卑。

小儿子曾经写过一篇作文《我的爸爸》。

我的爸爸是一位名人，他有一头乌黑的头发，里面掺杂着很多白发，穿着灰色的衣裳、黑色的裤子、棕色的拖鞋。他是一位残疾人，因为他出

生的时候被卡在了奶奶的肚子里，奶奶生了很久，农村赤脚医生抓住爸爸的脚往外拖，拖了很久才拔了出来，不过这并没有删除他爱耍帅的性格。他最擅长演讲、直播等，他是一名抖音大师，这就是我的爸爸。

孩子虽然写得乱七八糟的，但是孩子并不因为他爸爸是个残疾人而感到自卑，所以我们能接纳自己的缺陷，通过这样一种搞笑、玩笑的方式，把自己不敢面对的心理障碍和自身的缺陷拿出来自嘲，这样你就会自然地接纳自己，以平常心对待所有的不如意、不健全和不完美。

09 自我暗示

第八个方法叫自我暗示法。想什么有什么，怕什么来什么，也叫心想事成法。有的人经常会自我怀疑、自我否定，用否定的、消极的态度来暗示自己，就会让自己越来越自卑。如果你能用一种积极的、乐观的态度，不断做自我暗示，那你就会变得越来越好。你心里怎么想的，会影响你的行为。所以暗示法是个人通过积极的心理暗示，自我鼓励，来影响自发的积极行为，然后进行自助的方法。相反的自我暗示，会导致相反的行为模式，会让人悲观、消沉、自暴自弃。心理学里面有个名词叫“自我实现的预言”，有个定律叫“墨菲定律”，意思都差不多。

自我暗示最核心的要素有两点：第一，如果你获得成功了，你的自信心绝对会加强，你的自卑感绝对会减弱；第二，失败了怎么办？失败了，要告诫自己胜败是兵家常事、家常便饭，这很正常，不丢人，这也不会降低你的自信心，失败了再来。

10　刻意练习

第九个方法叫训练法，就是刻意练习。在我们“少年中国说”课堂上我会经常让孩子和父母参与这样的练习，效果非常好。我们“少年中国说”课堂分为两大课堂：孩子课堂“榜样的力量”，父母课堂“金牌父母”。如果有机会，欢迎你带孩子寒暑假来我的课堂学习。在这里给大家传授一个简单的方法，让你更加了解自己。你找出三个最熟悉你的人，父母、爱人、孩子、闺蜜都可以，让他们给出你的三个优点和三个缺点，然后你问自己：“我为什么喜欢他对我的印象？我为什么不喜欢他对我的印象？”就是问自己为什么喜欢他说的，为什么不喜欢他说的，这是一种训练自己的方法。

每个人禀赋不一样，天生基因不同，各自的优势也不一样，我们需要通过刻意练习来拓展自己的长板，长板就会显现出来，也就是天赋吧。所以天赋显灵等于 99% 的努力 +1% 的灵感，没有错，1% 非常重要，99% 也非常重要。

有句俗话，是金子总会发光的。不！还有太多的金矿埋藏在地壳里面，没有开采人，它就永远不会发光。

你有伤口，光才会照进来，希望我们积极地行动起来，用自己的双手拨开迷雾，重见那道光。

第三章

关系

我来世间
就是为了与你相遇
你不仅仅住在时光里
也住进了我的心里

01 关系是生命的通道

人活在关系里，关系是生命的通道，一个人活得有没有质量，在于他有没有深度的关系、深度的爱。

中医说人的身体通则通，不通则痛，关系更是如此，如果你的关系被堵塞了，也就是你生命管道被堵塞了，这不仅影响你的生活质量，更会令你出现身心障碍。关系有很多种，我认为第一关系应该是母子关系，因为我们和母亲原来融为一体，从出生开始分离，这种共生共融又相互分离相互连接、隔不断理还乱的关系，是所有关系的原型。从我们出生开始生命慢慢延伸为亲子关系、亲密关系、亲友关系以及我们和这个世界连接的所有关系，包括我们对这个世界一草一木的欣赏，我们对创造事业、艺术、文化等一切的热爱和追求，这些都是从母子同体又分离中发展出来的。

所以，我们可以得出一个简单的道理，母子关系是一切关系的根本，如果发展得不好，会影响一个人一生的幸福。

当然，基因遗传是非常重要的，可能占据 50% 以上，你身体的健康程度、性格、智商很大一部分取决于基因遗传，但是还有 50% 是我们可能也可以改变的，孩子在母胎里，母亲的营养、身心的健康、情绪的稳定都会对孩子产生很大的影响。特别是孩子降临世间，母亲能否无条件爱着孩子，回应孩子，和孩子互动，做孩子的容器，这无比重要。

我们要走进孩子的内心，在孩子的内心稳稳地住下，那么孩子就有了安全感，孩子就会形成稳固型自我，内心自然滋生力量，来面对错综复杂的世界。

让孩子心里住着一个有爱的人。

有了良好的母婴关系，才能发展出好的亲密关系，甚至有的心理学家说，亲密关系就是童年关系的再现，童年没有满足的那些需求，都会在亲密关系里继续寻找，没有吃饱的孩子永远在寻找乳房。

大家可以想一想，最像母婴关系的就是亲密关系，深度的亲密关系是需要身体接触、水乳交融的，又是需要分离和相互独立的。母亲和我是一体的，母亲和我又不是一体的，母亲是母亲，我是我，这种隔不断理还乱的关系，在婴儿时期就是我和母亲的关系，在成人后就是我和伴侣的关系。

只有我们生活在深度的关系里，我们才能体验到生命本来的样子，人如此，动物亦如此。北大心理学家武志红老师说："失去了人性，就会失去很多；失去了兽性，就失去了所有。"

若是不能酣畅淋漓地去爱，即便财富万贯，给我江山，有何意义？

若是先天不足，后天就要弥补。老子说：“天之道，损有余而补不足；人之道则不然，损不足以奉有余。”出生前，是天道，出生后，为人道，后天学习，拓展自己的优势和长板至关重要。

02 爱的关系法则

有时候为什么好人没有好报？这是绝大部分“好人”难言的苦水。我心地善良，一心帮助他人，却得不到他人的认可。我全身心为了孩子、家庭，牺牲自己，却被老公无情抛弃！我付出了那么多，最终却换不来好名声，被误解，被伤害，为什么？为什么？为什么？

不要急，慢慢读下去。

我认为一个完整的爱的关系包括三个部分——爱的初心、爱的能力、爱的方式，三者缺一不可，缺少任何一部分，这个爱都会血迹斑斑，伤人伤己，最终好人不得好报。

第一部分叫爱的初心。我们其实都是善良的人，都本能地希望对别人好，希望付出自己的爱，所以爱的初心 99% 的人都有，也就是说，这世界上 99% 的人都是“好人”。但是一旦关系出了问题，我们都怀疑对方的人品是不是有问题，这样就形成了道德绑架，就怀疑他人的心是不是好的。

初心善良、真诚、友爱，天生就有，那为什么有的人作恶多端，杀人放火？当然人性中的恶、贪欲、仇恨，天生也有。精神分析理论认为：当需求被看见，就是爱，就是活能量，就是阳光；需求被忽视，就是恨，就是死能量，就是黑暗。被你看见，就是我和你的关系是通畅的，没有被你看见，就是我和你的关系隔断了。所以人性到底是善意多于恶意，还是恶意大于善意，很大程度上在于妈妈和婴儿的关系，婴儿的需求有没有被妈妈看见。

如果说初心善良是人的本性，无须标榜，那么爱的能力和方式则需要后天的学习和培养，如果没有相对好的能力和方式，善意会向恶意转化。孩子的需要，没有被妈妈看见，或者妈妈看见了却束手无策，不知道怎么办，孩子就会有不安全感，就会产生恨，产生毁灭欲，他想杀死妈妈，毁灭这个世界。

第二部分叫爱的能力。爱的能力是修养，也是需要我们一辈子学习的能力，我重点来和大家聊聊爱的能力包括哪些，我们该如何培养。

网上有个段子，我们都是第一次做父母，我们做工作有各种各样的技能培养，然后发上岗证，但是没有哪个部门培养我们如何做父母，没有给我们颁发上岗证，我们都是摸着石头过河。当我们学会了，孩子都飞走了……对，爱也是一种能力，需要培养和训练，需要改变我们的认知。没有爱的能力叫爱无能，没有性的能力叫性无能，爱无能是和性无能一样的无能！

我们回到童年创伤的话题上来，童年人的两大需求：依恋和独立。需求被满足、被看见、被接纳，孩子的生命就充满了活力。从这两大需求我们延伸出爱的能力，如何接住孩子的需求？我们要和孩子建立稳固的依恋关系，让孩子有安全感，你必须把自己融入孩子的世界里，成为孩子的一部分，孩子才能呼风唤雨，世界为我所动，这样孩子才能建立稳固的自我，才有力量远走高飞。但是如果你需要孩子独立，你自己必须学会独立，所以我认为独立能力才是第一要培养的能力。只有你独立了，你才能进入孩子的世界，否则你就是在侵占孩子的空间，把孩子吞没。只有你独立了，你才能好好爱一个人，不给这个人压力，不控制他，你们的亲密关系才能酣畅淋漓地流动。

如果我们没有很好地发展出独立的能力，我们一旦爱了，就会一切都是为了爱人而活，为了孩子而活，为了父母而活，为了活在别人的世界里而活，就是从来没有为了自己而活。

独立能力包含了哪些方面呢？第一，你的独处的能力，人活在这个世界上，假如你能活一百岁的话，你知道从小你爸妈陪着你，长大了你爱人陪着你，到老了你孩子陪着你，似乎你的一百年都有人陪。这是表面上的，我们再认真地想一想，一天 24 个小时，即便你身边有人在，但实际上，大部分时间是你一个人待着，自己和自己相处，人生 2/3 时间是一个人的世界。

我有个同事离婚了，她和我说，其实她最害怕下班回家，家里空空的，她感到孤独、无助、焦虑，不知道干什么。我说：“你可以看看书啊。”

她说：“看不进去。”我说：“那你养条狗吧。”

金庸笔下的爱情故事，我觉得比琼瑶的好，不比她的美好，但比她的真实。金庸应该对心理学有非常深入的研究，无论是《射雕英雄传》里的靖哥哥和黄蓉，还是《神雕侠侣》里的杨过和小龙女，都在讲述关系之道，靖哥哥和黄蓉两个完全不同的性格如何相处，郭靖是典型的绿色性格，而黄蓉是红 + 黄。他们的性格差别很大，一个稳重和平，没有主见和目标，一个精灵好斗，具有极强的个人主见，他们的相处之道我会在《性格》一章来揭露。杨过和小龙女的爱情故事非常适合我们这一章讲的依恋和独立能力，小龙女和杨过在一起的时候可以好好地爱他，小龙女掉下山崖，一个人生活了 18 年，也会活得好好的，很快乐，种花养草，练习武功。最后杨过找到小龙女的时候，一声“姑姑”，小龙女已经把杨过忘了，看见过儿，还想和他在一起。

这就是一个人独立的能力，我爱你，我可以把我给你，但是我还是我，我不能因为你在或不在而失去自我，更不能因你的一个眼神或一句话而迷失自我。

你见，或者不见我，
我就在那里，
不悲不喜；
你念，或者不念我，
情就在那里，
不来不去；

你爱，或者不爱我，
爱就在那里，
不增不减；
你跟，或者不跟我，
我的手就在你手里，
不舍不弃；
来我的怀里，
或，
让我住进你的心里。
默然，相爱；
寂静，欢喜。

这首诗，我非常喜欢，不仅优美，而且意义深刻。这应该是我心里爱情的样子，“来我怀里”是关系的依恋，“让我住进你的心里”是关系开始独立。我前面说过，妈妈就是让孩子心中稳稳住着一个充满爱的人，孩子才有力量和妈妈分离。“默然，相爱；寂静，欢喜”就是在一起享受着相爱的感觉，不在一起享受着孤独的感觉。

我既喜欢和你在一起，又喜欢一个人待着，一个人的时候，我也会很舒服，我可以发呆、幻想，可以思恋一个人，也可以写作、打游戏、看片子、处理工作的事，还可以在网上赚钱、录抖音、直播、给粉丝上网课……我一个人有特别多的事去做，我不会觉得孤独，也不会觉得生活枯燥无味。但是让你一个人待着，你就不知道干什么，烦躁、不安全，总想找一个人陪。如果你的依赖性很强，别人是反感的，甚至想逃离你。

培养独立的能力，首先，你要有自己喜欢的事情做，有自己的兴趣和爱好，有自己的工作，有一定的目标和追求！不依赖他人可以完成的。如果没有，或者从小你就没有建立起兴趣和爱好，那么从现在开始，慢慢培养吧，只要开始，什么时候都不晚。

其次，你要有独立的经济收入和工作，无论你多忙，家务事再多，孩子多需要你，你都需要有工作，这个太重要了！我知道很多的妈妈为了孩子放弃了自己的工作，然后所有的收入都来自老公，哪怕你的老公是千万富翁、亿万富翁，一年能挣几百万给你花，你也要有自己的工作和收入，除了带孩子，你也要让你的生活忙碌起来，这是你和社会的连接，也是你的价值感的一个很重要的来源。

如果你只是一个家庭主妇，你的情绪、怨气要么自己憋着，伤害自己，要么攻击孩子和丈夫，伤害他们，最终导致他们逃避你、远离你。

最后，你要拥有一个独立的人格和思维，就是做一个有主见的人，有自己的原则。如果你父母很强势，让你所有都听他们的，久而久之你就没有了自己的主见，也没有了自己的原则，也许你会变成烂好人，也许你会觉得自己是受害者，不仅仅自卑，更有可能患严重的抑郁症。

如果说独立能力是爱的第一大能力，那么情绪管理能力就是爱的第二大能力。

每个人都有情绪，喜怒哀乐、爱恨情仇、快乐、兴奋、委屈、悲伤、愤怒、激动，这些都是情绪。有情绪是很正常的，只要合理地表达和梳理就好了，只有不合理地表达，才会出现问题，这叫情绪化。情绪化就会伤害到别人或者伤害到自己，带有伤害性和毁灭性。弗洛伊德说，如果从小不能合理地表达自己的情绪，就等于情绪被活埋了，其以后一定会以更加丑陋的方式表达出来。

情绪管理的核心方式就是疏导，不是控制，让情绪流动，不是憋着。

爱的第三大能力，就是沟通能力。沟通是关系的桥梁，从我出发，流向你。沟通的关键就是从我出发，两大原则：客观地描述事实，真实地表达感受。如何流向你，两大原则：移情和共情。移情就是换位思考，我能否站在对方的角度去理解对方的反应和感受。我认为，换位思考不是简单地站在对方的角度，而是能够真正体会到对方的感受。他高兴或是悲伤，如果这个事发生在我身上，我也会高兴或悲伤，这就是移情，这样我就理解他为什么会出现这样的行为了。如果你们的关系进入了深度的关系，那么就会有共情。

因为爱着你的爱
因为梦着你的梦
所以悲伤着你的悲伤
幸福着你的幸福
因为路过你的路
因为苦过你的苦
所以快乐着你的快乐
追逐着你的追逐
……

共情是把自己融入对方的世界里，产生了心灵上的共鸣，或者有相同的经历和心路历程，或者有相同的情欲需求。我大胆地把我交给你，也渴望你完全信任地把你交给我，以达到情感上的共鸣。

客观地描述事实，真实地表达感受，学会换位思考，以达移情和共情，这就是沟通的四个基本原则。在这四大基本原则之上，我们还需要学习一些方式方法，我在这里可以提供一些。

一是学会积极倾听和回应。在这里，我强调的是“积极”两个字，如何做到积极呢？首先要专注地聆听对方。比如：当孩子和你说话的时候，你尽量停下手中的活，坐下来，身体稍微向孩子倾斜，看着孩子，认真听他说。哪怕他说的事对你来说毫无价值，你也要积极地倾听，“妈妈，我们班丁文同学作业本没有带……”“我在楼底下看见一只流浪狗……”类似这样无聊的话，你也要认真地听，这是最好的情感连接。也许你认为无聊的东西，在孩子看来是非常重要的，背后隐藏着孩子内心的需求和感受，所以我们还要积极回应孩子。回应孩子包括两个部分：一个是孩子描述的事实，一个是孩子的情绪和感受。特别是他表达的情绪部分，我们一定要积极回应。

回应事实部分，可以重复孩子的话，引导孩子做总结，不要轻易说自己的判断，让孩子形成自己的独立思维。例如：孩子放学回家说，我们班小明和大王吵架了，小明说大王偷了他的橡皮，大王说没有偷，大王生气地打了小明一拳头，小明还吐唾沫在大王身上，结果老师让大王和小明都罚站了……一般的家长就会立即给孩子下判断，比如：这个大王同学太不像话了，怎么能打人呢？小明也不文明，怎么可以吐唾沫到别人身上呢？老师处罚得对，应该罚……这样的回应不能说是积极的回应，而且对培养孩子的独立思维不利。我认为良好的回应是我们可以先把孩子陈述的事件重点再重复一下，比如：小明和大王吵架啦？他们都被老师罚站了，是吗？重复加反问，让孩子知道，我们听进去了，而且表述得没有错，孩子会给出肯定的回答。然后我们再提问孩子，让孩子给出自己的判断和结果，比如我们可以问孩子："那你认为老师为什么罚他们站啊？"他就会想：哦，大王打人是不对的，小明吐唾沫也是不对的，所以两个人都被罚站。比如：你还可以深入地问孩子："大王有没有偷小明的橡皮呢？"孩子如果说有，你可以问为什么，孩子说没有，你也可以问为什么，这样就培养了孩子的独立思考能力。

无论是我们的孩子，还是伴侣，在表达自己亲身经历的事情的时候，往往都是带着感受的，有的感受非常强烈，那么我们沟通的原则是先照顾到感受，特别是一些不好的感受，如委屈、愤怒、悲伤，我们要给予积极地安慰和理解。比如你的孩子跟你说老师今天批评他了，背后的意思一定是委屈或悲伤，我们在语言上要表达理解和安抚。儿子被老师批评了，心里一定很难受，妈妈心疼，并给予肢体语言，比如拥抱、抚摸等，然后再慢慢和孩子了解事实的真相，不能首先就问怎么回事，更不能不分青红皂白，劈头盖脸就责备孩子，质问孩子犯了什么错，这样孩子的情绪就被堵死了、活埋了。再比如：你的老公晚上下班回来说有点累了，首先你就要关注到他的心理需求，一定不是身体累，而是心累，你可以帮他脱衣服、倒杯水，甚至抱抱他，而不是追问他怎么了，你越问事情他越烦。

一句话让人心里暖暖的，一句话也可能让人跳楼！可能是同样一个意思，但是你的表达方式不一样，感受就完全不一样。任何质问、指责、嘲讽、挖苦、鄙视的语言都是杀人的武器。前一段时间抖音上有个 17 岁的男孩突然把车门打开，纵身一跃，命丧黄泉，任凭妈妈怎么喊，也挽不回孩子的生命。我相信妈妈是爱孩子的，母爱天生就存在，也就是我们说的爱的初心，但是妈妈到底有没有爱孩子的能力？

我们知道同样内容的不同表达意思相差甚远，我们更要知道他讲话背后的情绪是什么，这才是真正的话外音，你若不会沟通，语出伤人，再好的初心，再伟大的爱情也会让你变得伤痕累累。

二是学会尊重他人。这是沟通的很重要的原则，双方要在平等的基础上交流。虽然他是你老公，她是你老婆，但双方都是独立的个体，我们的家庭背景、个人经历不同，性格也有差异，人与人是不一样的，所以我们的思维方式、语言逻辑、情感需求、价值观是不一样的，很多事情无法达成一致，甚至相反，那我们就需要尊重对方，尊重彼此边界的完整，我虽然不同意你的观点，但是我尊重你的意见，我是对的，但你也没有错。我不会控制你，不会用语言控制你，也不会用你对我的情感控制你。比如：我们经常这样，你是我的孩子，你必须听话，不听话就是不尊重父母，其实是你不尊重孩子，活埋了孩子表达自我的权利。再比如：你是我的老公，如果你不听我的，你就是不爱我……表面看来，孩子不听话，老公不听话，都是对你的不尊重，但实际上恰恰相反，是你不尊重对方，无形中你用所谓的爱，所谓的“我都是为你好”这样的道德绑架来控制对方，扼杀了对方表达自己观点和感受的权利。所有试图通过行为、语言、情绪、感受控制对方的，我认为没有理解“尊重”的含义，也不懂得自尊。没有把彼此当作一个独立的个体对待，很多的家庭悲剧就是这样产生的。尊重就是我不会因为你的想法和感受和我不同或相反，而侮辱你、讽刺你、挖苦你、嘲笑你。

我还要强调一下，我这里说的尊重不是道德层面的尊重，而是对个体差异性的尊重，没有道德约束的意思。每个人都有自我边界、思想、感受，因为天生性格差异、成长环境差异，肯定区别很大。我们彼此都要尊重对方，可以通过自我修炼影响对方，但不能通过控制和道德绑架来强行改变对方，否则再好的关系也一定会千疮百孔、鲜血淋漓。

爱的能力我主要写了三点，我认为非常重要的三点：独立能力、情绪管理能力和沟通能力，我希望我们每个人都能通过点点滴滴的生活体验，坎坷挫折的经历和暗流涌动的感受来提高自己爱的能力，也希望我的这本书能在你的生命里点亮一盏灯。

有了爱的初心和爱的能力，自然就会发展出爱的关系法则的第三大部分：爱的方式。

爱的初心和能力，都是由我出发，主体是我，但是爱的方式是流向你，主体是你。也就是说，是不是你需要的，你能不能接受，你的感受如何，你能不能感知到我的爱。这就是我要专门在《性格》这章里要重点阐述的黄金法则和钻石法则。

黄金法则：你要什么，请给予什么。道理就是这么简单，但是 95% 的人做不到。你需要对方理解，请给予对方理解；你需要对方包容，请给予对方包容；你需要对方懂你，请你学会懂得对方。黄金法则的原则是先给予，后得到，先付出，后收获。但是这里面有两个关键点，我想重点描述一下。

其一，大部分人往往这么想：我都付出这么多了，对方也没有回报我什么，付出太多得到太少，这样你做得越多，你会越痛苦。原因是你所有的努力都是为了得到，得到利益，得到认可，得到赞美。你对得到的期望值太高太强烈了，期望越大，失望越大。所以，你务必转换思维和心态，因上努力，果上随缘，为人处事都要如此。

其二，有一句话流传了千百年——夫妻同心，其利断金。意思是夫妻之间一条心，就攻无不克，战无不胜，但是关键是同谁的心。老婆不满意，对老公说："老公，你要知道，夫妻同心，其利断金啊，我们一定要一条心啊！"潜台词是：你要和我一条心，你要听我的。同样，老公对老婆说同样的话也是如此，都是用这句"真理"来要求对方，控制对方，甚至道德绑架对方。对方如果有不同的想法和感受，就是夫妻不同心，最终相爱相杀，遍体鳞伤。这句话本身没有错，但是需要我们更加客观地去理解和应用。比如：我们知道人与人是有差异的，思维和感受不可能一样，所以两个人不可能做到完全同心。我不可能成为你肚里的蛔虫，你想啥我都懂，啥都照做，凡人、圣人都做不到。再比如：夫妻同心，我们首先要求的是自己，自己是否懂得对方，和对方同心，而不是用这句话来要求对方。

关于爱的黄金法则，我总结一些人与人之间的沟通技巧和相处方式，严于律己，勿施他人，做到以下几点，你会成为更好的自己。

1. 积极聆听，不要打断

静静地聆听，是对对方的尊重，也是内心谦虚的表现。你若爱他，就多聆听，无论是夫妻、孩子还是朋友，我们每个人都希望有人愿意倾听自己的诉说。聆听过程中，不要急于给予对方建议，更不要动不动打断对方，学会专注地看着对方眼睛，积极倾听，捕捉对方的感受。夫妻之间有三好，吃好、聊好、睡好。我认为最重要的就是聊好，而现在大部分夫妻时间久了，不是无话不谈，而是无话可说。无话可说一个非常核心的原因是：不能倾听对方，而且容易封对方的嘴，久而久之，对方就变得沉默寡言了。

如果三好一好不好，还不如趁早分手。

2. 学会接纳，不要指责

不要养成指责他人的习惯，尤其是在弄清事情原委之前。很多人做错事情后，渴望得到的是接纳，而不是指责。你若爱他，就不要指责。现在的夫妻之间，充斥着太多的抱怨、指责，甚至挖苦、嘲讽。换个角度去想一想，被你羞辱了那么多年，却依然对你不离不弃，你要知道，这是你修来的福气。

3. 爱她，就让她住在你的心里

爱一个人，不仅仅只是给他东西，对他付出。爱与不爱，并不是做给外人看的，而是做给自己的心看。请你常常在心里惦念着他，牵挂着他。因为你真的爱他，就会让他先住在你的心里。我爸爸一辈子都惦记着我，我一辈子都住在我父母的心里，从未离开。

4. 讲爱，而不讲理

人与人的相处，在于和睦，而不在于争执。家庭里，人们常常为了证明自己有理，而不断地为自己辩护，当每个人都想着证明自己是正确的时候，争吵就不可避免。到最后，争论并没有带来和睦，反而是隔阂越来越大。你若爱他，就不要争执。家是避风港，家是爱的港湾，家是消除压力的地方，而不是制造压力的地方，只有爱才能化解一切，而理往往只会增加压力。

5. 相信，一直信任下去

很多时候，我们失去一个自己所爱的人，并不是谁把他夺走了，而是我们一步步将他推走。推走，不是因为我们不珍惜，而是因为我们太珍惜。太珍惜，就总想把他抓在自己的手里，慢慢地干涉多了，自由少了；专横多了，信任少了；隐藏多了，交流少了。爱，是信任中的责任，而不是猜疑中的束缚。爱，只能建立在信任的基础上，猜疑是夫妻关系的大敌。

我们往往懂得给予，但远远不够，你知道对方需要什么吗？你给予的是他想要的吗？给予就是黄金法则，给什么？怎么给？这是钻石法则要解决的问题。

钻石法则就是把他人想要的用他能够接受的方式还给对方。首先我们要搞清楚对方想要什么，而且我们要知道，对方需要什么样的方式。钻石法则就是根据性格的不同满足不同的需求，当你了解人与人之间因为天赋、基因、成长环境、个人经历的差异导致了性格的差异，从而导致人的思维、行为、情感、需求存在很大的不同，我们如何去爱他？在《性格》这一章，我会详细地阐述。

第四章

性格

知人者智

自知者明

胜人者有力

自胜者强

——老子《道德经》

01 性格色彩

我必须要和大家描述一下，我的老师乐嘉普及的“性格色彩”到底是什么。性格色彩是将人的性格用红、蓝、黄、绿四种颜色表述，通过人们对四种颜色的直观理解而将一门复杂的心理学简单、通俗地表述出来，从而能更好地读懂自己、了解他人，并能与大家和谐相处的心理学应用工具，属于人格心理学。

人格心理学为心理学的分支之一，可将其简单定义为研究一个人所特有的行为模式的心理学。“Personality”一般都会被译作“性格”，心理学界则把它译为“人格”。“人格”不单包括性格，还包括信念、自我观念等等。准确来说，“人格”是指一个人一致的行为特征的群集。人格的组成特征因人而异，因此每个人都有其独特性。这种独特性致使每个人面对同一情况可能有不同反应。人格心理学家会研究人格的构成特征及其形成，从而预计它对塑造人类行为和人生事件的影响。人格是个体在行为上的内部倾向，它表现为个体适应环境时在能力、情绪、需要、动机、兴趣、态度、价值观、气质、性格和体质等方面的整合，是具有动力一致性和连续性的自我，是个体在社会化过程中形成的给人以特色的心身组织。

上面一段话，我是从百度百科里直接复制下来的，可能太专业，难以理解，说白了就是：人与人天生有差异，后天因为环境影响和个人经历不同，差异更大。性格色彩就是通过大量的数据分析、总结归纳，把人分为四种基本的性格：红、蓝、黄、绿，当然不同学派的心理学家分类可能不一样，分五种、六种、八种、九种等，比如五大人格、九型人格等等，大同小异。乐嘉老师为了让人更好地记忆，用红蓝黄绿四个颜色来标识人的性格，但是性格跟颜色没有任何关系，只是让你更好地理解和记忆。

性格分析来源于古希腊的医学之父希波克拉底四液学说。希波克拉底在其所著的《论人的本性》一书中说，人体内部血液、黑胆、黄疸、黏液四种体液组合的比例不同，构成了个人的不同气质：血液占优势的为多血质，表现为性情开朗；黑胆占优势的为抑郁质，表现为性情忧郁；黄疸占优势的为胆汁质，表现为性情易怒；黏液占优势的为黏液质，表现为性情冷静。希氏提出的四液学说后来演变成著名的气质学说。苏联生物学家巴甫洛夫（1849—1936）从神经活动类型来说明人的气质，肯定了希波克拉底在这方面的历史性贡献。瑞士心理学家荣格（1875—1961）在20世纪初首次提出了人类心理活动的四种功能：感觉、直觉、思考、感情。荣格认为每个人的性情特征都是与生俱来的，并且会伴随人的一生。

后来很多性格分析工具出现：金、木、水、火、土，猫头鹰、狮子、孔雀、老虎，九型人格，包括多血质、抑郁质、胆汁质、黏液质等等，都很难通俗易懂。乐嘉老师用红蓝黄绿四种颜色区分人格，非常具象，清晰易懂地描述了先人的伟大发现。

简单的定义为：红色——快乐型，蓝色——完美型，黄色——目标型，绿色——和平型。

这其实也是性格色彩的动机论，就是我们每个人行为背后的基本动机。红色和绿色更注重人际关系，蓝色和黄色更注重事情的发展。荣格说过，很大程度上，这是与生俱来的，和血液、气质、基因有关，但是受到原生家庭、环境、个人经历的影响，红色性格的人可能做出蓝色性格的人的各种行为，黄色性格可能变成绿色性格，等等。这都是行为上的变化，但不变的是动机。

每一种性格都有自身的优势和过当：优势就是你自带的优点或者可以激发的潜能；过当就是缺点，就是优点发挥过头了，变成了缺点，过犹不及。缺点就是你倒霉和痛苦的根源，如果你没有意识到，其可能就是你的死穴。

红色性格的优势：积极乐观，乐于助人、反应迅速，富有激情、善于表达、注重感受，有强烈的感染力，同时善于变化和创新。

那么红色性格有哪些过当呢？因为红色性格的人情感丰富，很容易情绪化。他情绪忽高忽低，高兴起来马上爱死你，痛苦起来马上想掐死你。就像心电图一样，情绪来也匆匆，去也匆匆，所以红色性格最典型的性格过当就是情绪化。

红色性格过当还有很多情形，比如：三心二意、粗心大意、半途而废、三分钟热度、注意力分散、虎头蛇尾，等等。因为红色性格的人热情过度和善于变化创新，他很难专心地做一件事，特别是一成不变地做一件事。

蓝色性格的动机是追求完美，所以他做事一定是需要计划和注重过程的，而且能够很好地控制风险，他思路清晰、逻辑清楚、善于分析、品质至上。相对于红色性格的人，他是一个内向、不善言辞、小心谨慎的人，在情感上他需要默契，他需要心有灵犀一点通。如果红色性格的情感是滔滔江水，那么蓝色性格就是涓涓小溪。如果说红色性格是汹涌澎湃的浪花，那么蓝色性格就是暗流涌动的平静湖面，一个情感向外，一个情感向内。

我的一位同事是蓝色性格，他老婆是红色性格。婚姻刚开始，他每次下班回家，他老婆总会给他一个大大的拥抱，再亲一下，然后说："老公，我爱你，我想死你了……"他会很难受，他会认为你这么疯疯癫癫，夸张地表达爱，你的爱也太轻浮了吧，真爱是这样的吗？他一度怀疑他老婆是不是真爱他，是不是和别人也会这样。他内在需求更多的是理解、默契、懂得，他认为对方如果真的爱他，不是大声说出来，而是默默地做出来，这样的爱才会持久，细水长流。

爱对于红色性格的人来说是"你不讲我咋懂你啊？"对于蓝色性格的人来说是"讲出来还有意思吗？"这就是如果你不懂得性格，那么两个本来相爱的人对爱的理解不一样，误解就会越来越多。

蓝色性格的人一旦爱上一个人，就很难抽身，即便分手了他也会沉浸在往事之中很难走出来。我的一个非常好的女性朋友，她今年 38 岁了还没结婚。我后来跟她聊过才知道，她和上一任男朋友分手已经8年了，还没走出来。从中学开始，她总共就谈了两次恋爱，每次都坚持8年以上，就这样她成了大龄剩女。一个红色性格的人如果失恋了，分手当时她会非常痛苦，要死要活，发誓不再爱了，可是她可能两三个月就找了下家，又会爱得死去活来。而一个蓝色性格的人可能三年五载，8年10年都不会找下一家，性格不一样的人对情感的需求是不一样的。

蓝色性格当然也有缺点，也有过当行为。他有可能有强迫症，追求完美，要求干净整洁，有秩序，无论是工作也好、生活也好，一定要有条不紊。他非常讨厌凌乱的生活方式。所以跟他们生活在一起，如果不太明白这一点的话，你会被气死。他们还有个很典型的“万一思维”，他们总会看到不好的地方，容易挑剔、悲观、消极、死板，要求苛刻。因为蓝色性格的人特别在意一件事情的过程，在意前期是否准备好，所以会花大量的时间去做准备，当他们准备好的时候，黄色或红色性格的人已经干完了。所以蓝色性格的人容易行动缓慢，因小失大，从而失去很多机会。

黄色性格追求的是成就感，达成目标是黄色性格的动机，动机就是行为背后的出发点，即为什么做？我们所有的行为其实都是围绕着动机来的。基于黄色性格的人以结果为导向，他们会以自我为中心，希望掌控全局，需要权威。

乐嘉老师有一次在深圳给3000位中小学老师做培训，有位老师提了一个问题，说他班上一名女生和他发生了剧烈的冲突，之后上课根本不认真听他的课，有时候睡觉，考试也考得一塌糊涂。有一次这位女生在上课的时候玩玩具，这位老师看到以后直接把她的玩具没收，然后小女孩一下就站起来，说“你干吗拿着我的玩具”，直接就跟老师吵起来了。

老师说：“你上课不认真听讲，你玩玩具，你还理直气壮？”

女孩愤怒地说：“是啊，我在玩玩具，你知道我在玩哪个玩具？”

老师：“你在玩这个玩具？”

女孩：“对，我在玩这个玩具，那你干吗把我两个玩具都拿走呢。”

黄色性格女生注重的是事情本身，我在玩这个，你可以拿走我这个玩具，你干吗把我两个玩具都拿走？这是她本能的反应。而老师是红色性格，注重的是感受，被她气得一塌糊涂。老师说：“好，你给我顶嘴？马上我就找你家长。”女孩说：“你有本事，就别找家长，自己解决。”这位老师除了生气，拿她一点办法都没有。

这位老师学了性格色彩，回去以后就把这位女生叫到办公室，把两个玩具从抽屉里拿出来给孩子，语重心长地和女孩说：“孩子，老师之前不了解你，但是从你的表现来看，觉得你未来是个非常优秀的有领导风范的人，我觉得你可以成就一番事业！虽然你跟老师顶嘴，但老师发自内心地佩服你，知道吗？现在我把这两个玩具给你，老师给你道歉，但是老师要告诉你，一个未来成就大事的人，一定能够掌控他的每一分钟，而且他能够做到带头模范的作用，老师相信你。”

从那以后，孩子再也没有和老师发生冲突，而且孩子的数学成绩很快就赶到了班里的前 10 名，原来处于倒数前 10 名。这就是针对黄色性格的钻石法则，就是针对他们的爱的方式，后面我会重点阐述爱的钻石法则。

那么黄色性格的优势是什么？典型的优势就是以目标为导向，而且做事情讲究效率，敢于挑战，越挫越勇。他们遇到的挫折越大，反而越能激发出潜能。

黄色性格最重要的过当是忽略别人的感受。他内心的感受力并不强，因为他一心都在事情本身上，他很少考虑到别人的感受是什么。忽略别人的感受是黄色性格的人最大的缺点。第二是他容易以自我为中心，因为他的独立意识很强，所以发挥过头后就会死不认错，而且他的控制欲非常强烈，容易沉迷在工作中，他有强烈的批判性，容易高傲自大。

绿色性格基本的动机是追求稳定和谐。所以绿色性格的优势就是在意人际关系的稳定，害怕冲突，不要吵、不要闹、不要有冲突，所以他的包容性很强，而且他适应环境的能力也很强，善于倾听，以他人为中心，而且会乐天知命，岁月静好。这些优势，可能很多人一辈子修也修不来，很佛系，是很多“修行人”梦寐以求的境界。

但是绿色性格的人同样有他的缺点，有他的过当行为。因为他的随和，所以没有主见，人云亦云。因为他没有目标，所以他不思进取，不求上进！因为他害怕人与人之间的冲突，所以他做事情缺乏原则性，即便你犯了什么错误，他认为睁只眼闭只眼就会过去了，大事化小、小事化了。他在遇到很大的挑战的时候，退缩逃避，而且他容易过度包容别人。总结一下，绿色性格的缺点是没有主见、不求上进、做事迟缓、缺乏原则、遇事逃避、纵容他人等等。

我们了解了四种不同性格的人的优势和过当，知道人与人之间的差异，我们才能够更好地与人相处，后面会讲爱的方式，就是用他人喜欢的方式和他相处，并把他需要的给予他。这是爱的方式的根本原则，也即钻石法则。

02 四大功力

性格色彩除了帮助了解人的差异，最厉害的地方是提供了一整套人生成长的方法和路径，就是性格色彩的四大功力。我简单描述一下，想深入地学习，你必须看乐嘉老师的书，或者去线下听他的课程。

第一大功力叫洞见。就是看清自己，你能很清楚地了解你是谁吗？你的优点是啥？你的缺点是啥？你的性格到底是什么？因为我们每个人的成长环境、原生家庭以及我们经历的事情不一样，我们的性格都会发生一个变化，有的人变化小，有的人变化大，有的人甚至从原来的外向追求快乐的人，变成一个内向保守的人，和他原来的样子完全相反了。原来是一个越挫越勇、敢于挑战的人，最后变成一个懦弱退缩、唯唯诺诺的人，这就叫失去了自我，会导致很多问题的发生，很多麻烦就会出来了。当差别越来越大的时候，我们就越焦虑、越抑郁、越痛不欲生。我们只有洞见自己，才有可能做回原来的自己。

了解自己的三部曲：一是了解自己的优势和过当；二是了解自己的过去和现在的差异；三是了解自己怎么样从原来的我变成了现在的我。

第二大功力叫洞察。洞察他人，知道他的性格优点在哪里，他的缺点在哪里，他为什么成为现在的他。就像了解自己一样，这就是洞察。洞察有一个很重要的原则：为什么我眼中的他和他眼中的自己是不一样的？我们只有通过他的经历、和家人的关系，以及动机和本能的反应才能更好地洞察他人。

第三个功力叫修炼。就是我知道了自己的性格，我知道了我的性格里面有很多的优势和过当，我知道我的生活让我的性格发生了很大的变化，我应该如何活出我原来的样子，活出真实的我？真实的我就是原来的我的样子。这是修炼的第一步，活出真实的自己。但是一个真实的人一定有好的方面，也有坏的方面，也就是我们说的优势和过当、优点和缺点。修炼就是拓展我们的优点，控制我们的缺点。我经常讲这样一个例子：一棵苹果树慢慢地长大，我们要把苹果树的旁枝多叶剪掉，苹果树才会长得更加健壮，然后结出更好的苹果。一棵苹果树枝丫太多了，乱长，养料就跟不上，所以我们要把它的多余枝丫剪掉，它才能更好地从地上汲取营养，然后长得更好，结出更多的苹果。即便我把苹果树枝丫剪掉以后，它还是苹果树，它不会变成梨子树，所以它还是真实的，只是变得更好了，这就叫修炼。这是一种成长型思维模式，千万不要固执己见，觉得自己改变了就不是真实的我了。你改了，你还是你，一个更好的你。

第四大功力叫影响。影响就是钻石法则，所谓的钻石法则就是把他想要的东西用他喜欢的方式还给他，这才是真爱。做到这一步，你才算个好人，你的爱才完整。

把他想要的东西用他喜欢的方式还给他，这句话简单易懂，却很难做到。而且如果你不懂性格，你根本不知道怎么做，会像无头苍蝇一样。所以这就是为什么我们懂得那么多道理却依然过不好这一生，我们要去实践，要有方法，而不是只懂道理。现在很多培训老师讲得头头是道，听起来很有道理，但是回来你依然做不好，或不知道怎么做。就像钻石法则，如果我不解析，一样只是个道理而已。

第一，你要知道他想要的东西是什么。不是你想要的东西，也不是你认为好的东西。在日常生活中，99% 的好人都会把自己认为好的东西，或者自己很需要的东西给别人，哪怕自己不要，苦了自己，也要给予他人，特别是针对亲密关系和亲子关系。到最后自己却变成了一个讨好型角色，严重一点会变成受害者。

我老婆特别喜欢吃榴梿，我闻到就受不了，可是我老婆就希望我吃，她宁愿自己不吃，也要我吃，如果我不吃，可能她就会说我不爱她，所以我只能吃下，恶心的是我自己，久而久之，只要我知道她买榴梿了，我就找借口不回家。也许你会说榴梿就是有的人爱之入骨，有的人恨之入骨，不能说明什么，那么我再说一个关于我自己的事。我其实特别不喜欢饭局，每次吃饭，因为别人看我夹菜不方便，就帮我夹很多菜，每次我面前盘子里都满满的堆得高高的一盘子菜，特别是有的菜我并不喜欢吃，比如海鲜，而且我吃起来也不方便。但是为了感谢别人的好意，也为了不浪费，我总是硬生生地吃完它，最后吃得舒服不舒服只有我自己知道。久而久之你再请我吃饭，我就会找各种借口不愿意去了。

这里面有很微妙的逻辑。在你的心里，你想，崔万志啊，我对你够意思了吧，不仅请你吃饭，而且给你夹菜照顾你，对你的关爱无微不至，算不错了吧，你还这样，是不是有钱了出名了，就不知道自己是谁了？于是你的心里由爱意转变成了恨意。而我呢，吃了那么多自己不想吃的，真的不舒服啊，委屈自己还要表示感恩，我本来是一个不懂拒绝的人，慢慢变成了逃避之人。我们本来关系不错，最后变成了陌生人。

其实生活就是这样，甲之蜜糖，乙之砒霜，我们全心全意把自己最好的东西给了对方，却无形中害了对方，破坏了彼此的关系。关系往往都是“好人”破坏的。

回到性格上来，我一位同学是蓝色性格，我们关系很好，高中拜把子的好兄弟。他现在在上海，做证券股票，大学是学计算机的，工科男，理性分析能力很强，在上海一家证券公司做高管，年薪百万。他经常劝导我：不要那么拼，身体健康最重要，不要天天在外面跑，钱是挣不完的，整天在外面演讲有啥意思？多一点时间陪陪家人，是好兄弟我才给你说这些，你现在外面那些朋友粉丝只会说，崔老师好，崔老师了不起，崔老师很励志！这些都是拍马屁，你要谨慎，不要昏了头。

8月份，我15年的腰椎疾病发作，已经无法行动。无奈之下，做了手术，他打来慰问电话：“你是怎么搞的啊，终于倒下了吧，叫你不要那么拼，你就不听，活该！老同学的话你都不听，你有没有想过老婆孩子，有没有想过父母老了他们靠谁？你不要这么自私好不好？照顾好自己，赶紧来上海，我给你安排最好的医生。我再强调一下，不要出去演讲了，公司搞小一点，多一点时间陪伴家人。”

挂断电话，我除了感谢我的好兄弟，心里不是滋味，本能的感受就是不舒服，憋屈……而且他过两三天又打来电话，我都不想接。

他是蓝色性格，他认为，他指出你的问题才是对你真正的关心，而且他骨子里认为，人只有在不断地要求和批评下才会不断地成长。而我是典型的红色性格，需要认可表扬和心理安慰。你指责我、批评我，无论你的心有多好，我的感受都不好，我也不会变得更好，因为我的情绪是抵触的，如果我不能调节自己，我一定不会变好，而且会越来越差。

生活中这样的案例太多了，特别是亲密关系和亲子关系，不同性格的人内在需求是不一样的。我有一个异性朋友，是红色性格，她妈妈被检查出胃癌，她悲痛万分，第一时间打电话给她老公，她老公正在开一个很重要的会，没有接电话，她就连续打，她快要崩溃了，她老公无奈之下跑出来接了电话，然后干巴巴地说了一句：“嗯，我知道了，我在开会，晚点再说。”她没有第一时间得到老公的安慰，心里更加气愤，狠狠地摔了手机，还好，没有摔坏，然后又拿起手机，发了多条重复的微信：什么会比妈的命还重要，滚，永远不要回来，我们家没有你……

男人回复了一句“不可理喻！”就关机了，一直到晚上八点多才开完会。打开手机，看到无数条骂人的信息，然后回复，微信已经被拉黑了，电话还通，没有拉黑：“老婆，我第一时间知道妈生病，我就让助理安排了最好的医院，最好的专家，已经约好了，我们现在就过去。”老婆更加委屈：“你有没有人性啊？天要塌了，你知不知道，你知道我有多难过吗？

你到底爱不爱我？……”然后继续号啕大哭。

男人回答：“哭有用吗？有用，我保证会不开，就回来陪你一起哭！我不爱你，我干吗费尽周折请最好的医生给你妈看病。”

她老公是典型的黄色性格，他一直在讲事情如何处理，处理好就是对家庭最大的爱，他是没有太多感受的，他认为最没有用的就是哭，他甚至认为他老婆那些情绪简直是在胡闹，对解决问题不起一点作用。他永远体会不到，一旦问题发生，红色性格的人第一反应就是情绪，她首先需要的就是安慰、支持，你待在我身边，我难过，你陪我一起难过。

我们不仅要知道对方需要什么，我们还要知道你给予的方式对方是否能够接受，或者是对方喜欢的方式。比如我的这位朋友和她老公，都知道他们需要的结果是帮妈妈看好病，但是他们传达的方式，对方都接受不了，红色性格的老婆需要老公回来陪她一同面对，却说：“滚，永远不要回来。”她老公肯定接受不了，而她老公直接找最好的医生却没有安慰她的心情，她心里想：“你在用钱解决问题，没有用心，没有用情，代表你并不爱我。”

生活中太多这样的事情，特别是婆媳关系，媳妇给婆婆吃好的，穿好的，可是每次，婆婆看到媳妇的脸色，总有说不出来的感受，久而久之，就会矛盾重重，甚至不愿意待在这个家。我老婆和我妈妈的矛盾，我深陷其中十几年，痛苦万分，里面都是泪。等我老了，再写出来吧。

03 钻石法则

再回到性格色彩的钻石法则，每种性格的内在需求是不一样的。我们首先要了解自己的性格，知道自己的需求，知道自己性格的优点和缺点。这样和他人相处的时候，我们就能更好地表达我们的需求，以及更好地发挥我们的优点，控制好我们的缺点。

我们与人打交道，就需要读懂别人的性格，你知道他的性格，你就自然懂得他的需求是什么了，然后用什么样的方式和他相处，把他需要的给他。接下来我简单总结一下，每种性格背后的需求是什么，希望能真正地帮助到你。

红色性格，动机是追求快乐，所以他的需求是：愉悦的心情、活跃的气氛、得到认可和赞美、变化和新鲜感、耐心地倾听等。

蓝色性格，动机是追求完美，所以他的需求是：明确的解释、可控的风险、精确的计划和步骤、精神的默契等。

黄色性格，动机是追求成就，所以他的需求是：权威和掌控、任务和目标、以结果为导向、不断地进步和挑战新目标等。

绿色性格，动机是追求稳定，所以他的需求是：群体认同、既定的工作模式、和谐的气氛、安全和保障、稳定不冲突的关系等。

莎士比亚说，性格决定命运。

荣格说，当潜意识没有进入意识的时候，它就成为你的命运。

费斯汀格说，生活中的10%由发生在你身上的事情组成，而另外的90%则由你对所发生的事情如何反应所决定，这就是你的命运。

这就是你的命运的底层逻辑，如果你看不清自己，你的命运就被一种无形的力量所控制，你自己无法掌控；如果你读不懂他人，你就无法和他人相处，关系搞得千疮百孔。你的性格就是你本能的需求和本能的反应。当然，芸芸众众，人的性格如果细分，当然远远不止四种、八种、九种……红蓝黄绿，只是人格心理学大概的归纳而已。了解动机和需求，把他人真正需要的，用他喜欢的方式给予他，这才是相处之道。

最后，我特别强调的是：钻石法则，是给予法则、付出法则、奉献法则，而不是索取，这是核心，一个人真正的价值和幸福的源泉是为他人和这个社会做出了多大的贡献。但是很多人明明是在付出，却成了他人的负担，所以命运多舛，好人不得好报。

04　少年中国说

我每年都会专门给一些孩子做公益演讲，教他们演讲，我创立了“少年中国说”训练营，每年都会培养上百位孩子，教他们从演讲中找到自信和力量。我印象最深的一次，应该是2016年在上饶图书馆，给一群聋哑孩子做演讲，给他们送书《不抱怨，靠自己》。看着孩子们稚嫩又纯净的眼睛，我的内心一次又一次被触动。我承认，我是来洗涤自己的，不是来洗涤他们的，是他们一次次洗涤了我，让我的汗毛一次次竖起。

主办方要我给大家讲励志故事，去感化孩子们。前半个小时都是领导发言，中间是孩子们表演，有听不见的表演舞蹈的，有看不见的吹葫芦丝的，有不会说话却在台上朗诵的。

领导发言的时候，我在台下一直在想，面对一群听不见的6—15岁的孩子们，我该怎么讲？我和他们讲什么他们都听不见，我说童话故事，那么下面坐着那么多领导怎么办？我讲大人听的话，那么孩子怎么办？

我好纠结啊！

当我上台的时候，还好，主办方给我配了一个手语翻译，首先我说了我出生的故事，我问各位同学："你们知道你们是从哪里来的吗？你们知道你们是怎么生出来的吗？人出生了为什么就知道哭呢？"我觉得今天我品尝了第一次当老师的感觉，就像小时候的理想是当一名老师，我的理想实现了。

大概40分钟左右的演讲，我的自我感觉很好，我是在给孩子们讲故事。虽然是我的故事，但是故事一点都不悲伤，很好玩，有童趣，还有科普知识。我喜欢有的孩子目不转睛地盯着我，我喜欢我在上面讲，有的同学在下面玩，早开小差了。我给同学们分析了："如果你和你爸妈逛街，你看到喜欢的玩具，爸妈又不给买，你会怎么办？"孩子们的想法很奇特。有的孩子说："我使劲地哭，不给我买我就不走了。"有的说："不给我买，我不吃饭，不给我买，我自己买。"有的说："那我一个星期都会不开心。"有的说："爸妈很辛苦，没有钱买玩具，我不要。"

后来和家长们交流的时候，家长对我讲的孩子的性格很感兴趣，他们突然发现为什么有的小孩调皮，有的小孩文静，有的小孩为了买个玩具，不达目的决不罢休，有的小孩从小就很自卑。原来这些都是性格导致的。家长们给我提了好多问题，比如：我的孩子做什么事注意力都不集中怎么办？我的孩子胆子很小，天一黑就怕，不敢自己开门，不敢自己睡觉怎么办？我的孩子上幼儿园就要老师送他回家怎么办？我的孩子一旦做什么事就注意力特别集中，你喊他，他当没有听见，看电视时，会目不转睛地盯着电视机，旁边的一切似乎和他没有任何关系，怎么办？

我突然发觉我的内功原来这么深，我可以一一解决他们的问题，后来我在饭桌上和大家分享了我的家庭、我的两个孩子的点点滴滴。

在说我的孩子之前，我想先说说我和我太太。我太太的性格和我的性格就有很大的差别，她经常说，在家里，我是慈父，她是严母；在公司，她唱白脸，我唱红脸。

在工作上，她十分追求完美，特别在旗袍工艺和设计上，而且执行力很高。在家里，她会严格管教孩子，严格控制孩子玩电脑、手机的时间。我太太也有一些过当的行为，比如：情绪化很严重，而且很敏感，容易心情不好。我知道，这一切都和她小时候的经历，以及她的家庭教育和成长经历息息相关。我太太 8 岁失聪，姊妹 7 个，母亲是小学民办教师，父亲务农。

而我呢，在工作上，很有激情和热情，脑子里点子多，做事情从不气馁。但是我很在意员工的感受，不善于管理他们，他们说什么就是什么，所以我公司在制度方面非常松散。而且我最大的缺点就是善变！我一会这个一会那个，马云的“拥抱变化”在我身上体现得淋漓尽致。其实这既是优点，也是缺点。还有我经常口无遮拦，答应得快，忘记得也快。

在家里，我比较随意，也“不管”孩子，孩子想玩电脑就去玩呗，孩子作业我也不认真检查，我心里想：做错了，有老师管你呢，关我啥事啊，因为我对他们“放纵”，他们反而特别希望跟我玩。

我和孩子一起，经常受到我老婆的教训。

我知道，我的缺点要比我老婆的缺点多得多。我后来学了性格色彩以后，才知道，原来这些都是性格的差别，我的性格红色比较多，我老婆的性格蓝色比较多，而我们的性格里都有很多的黄色。黄色性格都比较要强，所以我们经常谁也不服谁，所以我有时候和她开玩笑说：“一山容不得二虎。”

关于我家里的故事，我和大家举几个例子。

例子 1：有一天，凌晨 1：00 左右，我老婆上厕所，隐隐约约地看到书房里发出来微弱的光。她轻手轻脚地来到书房，看见儿子正在玩电脑，顿时就火了，一顿指责与打骂，孩子立即号啕大哭说：“我们班今天晚上在网上聚会……”孩子他妈听不见，只知道这个孩子不得了了，越来越叛逆了，竟然还和她对着干。

孩子委屈地哭着进了自己的房间。我来到孩子的房间，等他平静后，和他说，你妈妈这样是怕你太晚，不仅影响学习，而且影响身体发育，你看你爸妈都不高，你又这样帅，如果发育不好，长不高，以后怎么谈恋爱啊？是不是？还有啊，如果真的和班里的同学约好了，你应该和爸妈申请一下，你妈妈也一定会答应的，是不是？

第二天，孩子好像什么事也没有发生，上学去了，晚上回来情绪好得很，这家伙可能把昨天晚上的事忘记了……很好！

奇怪，那么大的一个冲突，他已经忘记了，跟什么事没有发生一样，他们母子和好如初。

例子 2：有一次，孩子英语只考了 76 分，他回家对我说：“爸爸，我们这次英语试卷特别难，很多人都没有考到 70 分，而且 80 分以上只有

15 人。特别是有一题，我把题目看错了，被扣了 5 分。”当他和我说这些的时候，我基本上可以判断他考得不好了，因为这是儿子常用的办法：如果考不好，一定会找出很多理由来说明，比他更不好的人还很多，我知道，儿子是红色性格，他需要被认可和表扬，他的内心很排斥打压和批评。

我回答他一句：偶尔考个 70 多分，也正常嘛，你老爸以前经常英语不及格。

儿子脸皮还是比较厚的，他说：“那妈妈问我，我该怎么说啊？我说 76 分，那你知道后果的。他说，你就这么残忍地看着你这么帅气的儿子泪流满面地拜倒在妈妈的石榴裙下？”

我想，是啊，如果他妈妈知道儿子考这点分，后果会非常严重。我就说：“那你有没有对策啊？”

儿子说：“我能不能说我考 81 分啊，我本来真的最少考 81 分的，真的，这次真的是看错了。”

我回答：“可以。”

关于这件事，当我说出来的时候，遭到了很多家长质疑。一是你的儿子油嘴滑舌，如果你不好好管理，以后走向社会就可能变成二流子；二是孩子撒谎，你竟然不制止，而且帮孩子一起撒谎，哪有这样做父亲的。

我无法判断我做得对还是错，我也无法判断孩子做得对还是错，但我深刻地知道，这样可以让孩子在心理和性格上，少受一些违背性格的伤害，我认为我的孩子是个诚实的孩子，尽管他撒谎了。其实我的孩子他已经意识到这次没有考好，之所以这么周折来和我这样说，我们一起去“蒙骗”他妈妈，就是希望家和万事兴。孩子懂得这个道理。

我深知，就算我要求我的孩子规规矩矩的，一是一，二是二，但是他的心真的会这样吗？孩子的性格和心态是很微妙的，我只是不希望他们因为外界的环境和教育而让一些东西扭曲了。

学习了性格色彩以后，我深深地知道，一个家庭的教育，父母的性格对孩子的成长有多么大的影响。我觉得这比考多少分重要得多。

我太太的本性是红色的，但是她呈现出很多蓝色的行为，而动机是红色的。所以每次我们在遇到矛盾的时候，我只要坚持认可她、赞同她，基本上就可以搞定她。但是她带有强烈的批判意识和质疑心理，我两个孩子都是红色性格，如果我不能很好地让他们的红色性格有个更好的出口，那么孩子就很危险了，所以孩子在父亲这里可以随意地任性，为的就是让孩子性格有个自由的发展空间。

但是，这不是绝对的任性，否则就会过当。比如：孩子该做的事，还是一定要做的，我会把握这个度，而且有他妈妈在，有的时候，我真的觉得孩子的性格过当了，我会让他妈妈来严厉地制止。而且我也会打他们，我打他们的时候，他们不会有任何反抗，而且会很难过，但不会觉得委屈。他们会记得每一次，我为什么打他们。

我们的孩子最大的问题是受不了委屈，哪怕我们给他们一点委屈，他们都会很难过。我认为这和我们的家庭环境有很大的关系，父母的残疾或多或少在孩子心灵上都会产生一点点自卑感，哪怕他老爸现在很厉害，他会很自豪，但同时也会有自卑，这种关系很微妙。就像我去参加孩子的家长会，孩子都会和我有一定的距离，不和我走在一起，更不像在家里和兄弟一样，在家里我没有感觉到我是个父亲，而在学校，我感觉到孩子和我是有距离的，但是我从来没有和孩子说过。我觉得不说比说好，因为我懂孩子。

我也没有和他妈妈说，我知道，如果我说出来，后果会怎么样，我不说，因为我懂我的太太。

但是我能理解孩子的内心世界，还好，我觉得我是比较开明的，我会努力把这样的影响降到最低。小儿子，今年5岁，性格也是典型的大红色，玩具换了一个又一个，家里有一大堆奥特曼，他有一种买奥特曼的快感，但是买了以后玩一会就不玩了。有时候大儿子会说："老爸，我觉得弟弟比我红多了，红得发紫啊，以后一定是花心大萝卜。"

前几天，我们一家人在一起做性格色彩的测试，大儿子是红＋黄，我是绿＋红，他妈妈是蓝＋黄。儿子说："老妈怎么可能是蓝色，不可能的，她就是个压抑红，而且一直想压抑我！老爸，我知道你为什么测试出来是绿色了，因为在妈妈的长期压迫下，你就慢慢变绿了。我一定要做我自己，发挥我的个性，不能被你们压迫。"

性格色彩给我带来的益处远远不止这些，最核心的是让我们能洞见自己的内心，找到真正的快乐，一个快乐的人才是一个成功的人。我希望有一天，性格色彩能走进每一个家庭，每一个父母的心里，让父母了解自己，读懂孩子。因为父母强，则孩子强，孩子强，则中国强。

05　色眼看电商

大家都知道，我从事电商十几年了，更确切地说，是开网店有十几年的时间了。目前在淘宝、天猫、京东、微信等平台上有 20 多家网店，主要经营中国旗袍，目前是互联网旗袍类目第一品牌。

我因为《超级演说家》这档节目跟乐嘉老师结缘，并跟乐嘉老师完整地学习性格色彩课程。学习性格色彩后，我才明白，原来我们生活中的多数问题都是因为性格的差异而造成的。因为我是做电商的，在学习性格色彩的同时，也就不由自主地联想到我的网购顾客的购买行为特质，联想到他们在网购时的行为，为什么会有那么多的差异了。对公司的数据做了系统地调查和分析后，我做了一套性格色彩与电商管理的系统。我将从以下五个方面和大家分享一下性格色彩与网购和网商的微妙关系。

一、不同性格的人网购的路径不一样

1. 红色性格的人最容易被产品的视觉图片所打动，其次是 30 天的销量和评价，再次是价格。所以，他们的购物路径往往是看到网站首页的广告图片，如果感觉很好就会点进去产生购买冲动。他们其实不是按需要购买的，而是因为喜欢，但很多情况是因为当时看了图片很喜欢，买回来穿了一两次可能就会放一边，就忘记了。他们其实非常喜欢大型的促销活动，比如京东 618 活动、天猫双 11、店铺聚划算等，其实他们是喜欢双 11 这样的购物节的感觉，并不一定就是冲着价格便宜。总之，他们属于易冲动消费型，购物路径直接明了（看图购物），那么我们商家应该怎么做呢？我有几点小建议：第一，红色性格的人群很多，我们要把最吸引人的图片放在店铺显著位置，并且要累积一些销量和评价，并在图片上打上类似这样的促销字眼“千人疯抢”“万人点击”“仅限一天”“一年只有一次”，等等。这些促销字眼比五折、六折包邮更能刺激他们的神经。

第二，黄色性格的人，主要是通过搜索路径和聚划算页面进行购买。他们搜索和一般搜索还不一样，他们很精准，比如一般人只搜“旗袍”，他们会搜“2015 夏 新品 旗袍 长款 传统 纯色”这样的长的关键词（我们叫长尾词），那么如果我们的商品名称关键词设置得好，就很容易被这些顾客找到，而且我们在长尾词竞价直通车（淘宝搜索竞价排名工具）出的费用相对比较低，而且转化率还高。我们可以通过后台的一些数据分析，知道我们会员中有多少黄色性格的人，如果多的话，我们可以好好在搜索方面多下功夫，可能会事半功倍。

第三，绿色性格的人，购买途径主要是找曾经买过的店铺来购买。这些人是忠诚度最高的，对于在本店铺购买超过三次的顾客，在上新或做活动时，给他们发短信告知是最好的营销方式。当然他们也会通过搜索来找产品，他们搜索产品时会翻很多页，一般人只会翻 3—5 页，他们可能会翻到几十页。而且他们有“选择困难症”，所以我们在导购时多给他们一些选择和建议，他们会很乐意接受，你说什么好，他们就认为什么好。

第四，蓝色性格的人追求完美，而且他们比较有主见。他们的购买途径是按他们自己的想法去搜索到最满意的产品。他们更关注细节描述，比如旗袍是什么面料的，会不会缩水，出问题能不能调换，商家的信誉怎么样，服务怎么样。所以面对蓝色性格的人，我们一定要注意，产品的特性要描述得很清晰，打消他们的心理顾虑。

面对不同性格色彩的人，作为网店的商家，我们在营销方式和服务方面要做好区别对待，这样不仅可以节约营销成本，而且可以更精准地做好销售。

二、在销售沟通过程中，面对不同性格的顾客，我们要采取不同的对策。

1.红色性格的人以体验为导向，一般会这样来咨询：“亲，在吗？”“Hi，你好”“亲爱的，你们家旗袍好美哟……”她们一般会发一些表情符号，比如笑脸、拥抱、玫瑰、亲嘴等。遇到这样的人，我们一般可以判定他们的性格中红色比较多。红色的人需要赞美和认可，我们客服在这个时候，应该多赞美买家，比如：“这个旗袍穿在你身上一定非常好看。”“看到你发来的亲嘴，我今天心情突然好好了。”“我觉得你很好，我特意向我们的主管申请了，帮你开通个 VIP 会员，我们可以送你一个精美的小礼品，感谢你对我们的支持。”多夸奖、多赞美、多给他们一些“特权”，那么基本上可以搞定他们。如果客服的内功比较深，还可以给他们推荐其他关联产品，提高我们的客单价（客单价是指一个买家所消费的总额）。

2. 黄色性格的人以目的为导向，一般会这样咨询我们的旺旺。一上来就发一个产品的链接，然后问：“这件旗袍多少钱？有没有货，多少钱？什么时候发货，能不能便宜、包邮吗？”等等。遇到这样目的很强的买家，我们客服就尽量少和他们亲热，少和他们说一些废话，直奔主题。这些买家如果提出一些要求，在我们力所能及的范围内尽量满足他们，以尽快促成交易，不要绕弯子，否则如果他们的目的达不到，他们可能就会到别的网店去购买了。最重要的一点是，答应黄色性格的人的事情，一定要做到，否则任何解释没有用，他们会对我们的信任降到冰点。

3. 绿色性格的人最容易被客服牵制着。客服说什么，客服推荐什么，他们可能就买什么。他们经常会不知道买什么颜色、什么款式。客服注意：凡在店铺停留时间长的人，性格中的绿色就比较多，我们要主动和他们说话，主动推荐产品给他们，而且能劝他们再给妈妈或姐妹买一套最好。他们往往是最容易被营销的，也是最忠实的买家。

4. 蓝色性格的人会重视细节，注重完美。他们一般会这样咨询我们的旺旺：

“请问这个旗袍盘扣是不是手工的？”

“请问这个面料会不会褪色，会不会缩水？”

“请问拉链在背面还是在侧面？”

“请问开衩高了会不会走光？”

“为什么你们家照片没有拍全身？”

“请问为什么你们里布不用真丝的？”

“请问……”

总之，客服需要有很强的专业知识耐心地解答，不能操之过急。我们如实回答买家的问题，他们满意了，他们才会购买。针对蓝色性格的人，我们对客服的要求就是：专业，耐心。

面对四种不同性格的买家，我们的客服如何面对，达成最终的成交，这是性格色彩在电商领域里可以深入探讨的一门学问。

三、四种不同性格的人在收到产品时，不满意，怎么办？我们如何针对不同性格的人做好不同的售后服务？

1.红色性格的人如果收到不满意的产品，会情绪化，而且情绪会逐步升级，如果我们客服不处理好，买家一定给差评，说不定会发生语言冲突。

“我今天收到了你家的旗袍，可是我穿小了，你们当时是怎么推荐的？搞得我今天一天心情不好。”

“我很气愤。我要给你差评！！！”

“我朋友说，我穿一点都不好看，我要退货！”

……

一般红色性格的买家在不满意时，一定是带着情绪来找客服的。这时候客服一定要冷静，而且要学会倾听。千万不能反驳他们，否则你会死得很惨。等买家发完怨气以后，最好是打电话给他们，不要旺旺一直沟通下去。打电话时一定要说，我是某某店铺的店长，今天我们的客服向我反映了您的问题，我非常重视，所以亲自给您打个电话（你不是店长，也要这样说，这个是给买家一个特权和尊重，让她感觉我们非常重视她）。在电话里，你除了道歉，更需要赞美，说她的身材好，我们的旗袍还需要改进，非常感谢她能给我们提出这么好的建议。这样处理后，有可能产品也不退了，而且还有个大大的好评，很可能我们还做了很好的朋友（当然，如果产品真的有问题，做好以上服务外，还需要及时做好售后，这是一个企业的生存之道）。

我发现网店的很多差评都是在和买家沟通过程中，没有处理好产生的。学好性格色彩，在网店经营中，真的可以减少很多没有必要的麻烦。

2. 黄色性格的买家收到不满意的产品时，可能不会和客服联系，直接后台操作退款退货。如果客服拒绝，她可能就是给一个大大的差评或进行投诉。然后客服会主动联系买家，买家会直接提条件，以最终达到她的目的。遇到这样的情况时，我们只要做好应有的服务就好了，不需要和黄色买家解释太多，也不需要一个劲地道歉。对于黄色性格的人来说，道歉没有什么用，解决问题是最重要的。

3. 蓝色性格的买家本来就很注重细节，追求完美，如果她们买到不满意的产品，可能这个产品真的有问题，一定是商家的问题。因为买之前，她们几乎把所有的问题都考虑到了，可是收到以后还是有问题，这个问题应该就是产品描述的和实物不符！那遇到这样的问题时，我们客服要做到三件很重要的事：一是做好解释和道歉，虽然她们觉得你是应该的，但是你必须做好解释和道歉；二是检查自己产品的问题，因为她们提出的问题，真的有可能是我们的问题，这样的买家我们要非常感谢她们让我们找到自己的不足；三是专人跟踪服务，用心解决她们的问题。

4.绿色性格的人一般遇到一点小问题，也不会来找商家，自己能解决自己去解决。比如拿旗袍去裁缝店修改一下等，她们一方面想着商家做生意也不容易，一方面也怕麻烦商家，还不如自己把问题解决掉。

以上三点我是从一个消费与营销的关系上阐述性格色彩与网购过程前、中、后的关系（从商家的角度说是售前、售中、售后），商家如何应用性格色彩来进行营销，以达到更好的转化，做更好的服务。接下来，我想根据我这么多年管理经营电商公司的经验，再谈几点如何更好地利用性格色彩管理一家电商或互联网公司。

合适的人放在合适的岗位上。在我的公司里，主要有以下几个重要的岗位：客服（销售和售后）、美工、设计、运营、技术、数据、市场拓展、文案与策划、打包发货、仓管、财务、人事，等等。

其实，在招聘员工时，我觉得什么样性格的人比他学的是什么专业更重要，除非一些技术性要求很高的岗位，我才重视他的专业。比如客服、运营、市场、策划等，我根本不在乎你是不是电子商务专业，有没有这方面的经验等，我更看重的是他的性格和心态。

1.什么样性格的人适合做客服？在电子商务公司，最重要的岗位是客服，他是直接和我们的买家打交道，而且这种交道是通过网络聊天。我一般不会选择黄色性格和蓝色性格的人来做客服，虽然黄色性格的人目标感很强，容易达成交易，但是他们给买家的体验不好，他们不擅长用表情符号，不擅长进行感情互动，不擅长使用暧昧语言。网络是个虚拟世界，人的情感需求更需要达到一个特定的满足，满足了，她还会再来。特别是女性消费群体，如服装、化妆品、食品，如果没有很好的回头率，我们电商根本就没有利润，现在引进一个新的顾客的成本非常高（比如女装在100元以上）。蓝色性格的人我也很少用来做客服，原因是他们太追求完美和太自我，一个追求完美和细节的人他无法接受千姿百态的买家，而且效率不高。在网络上，什么样的买家都有，特别有意思，所以我们需要有很好的心态和应变能力的客服。我们一般希望红色性格的人来做销售客服，他们热情、善于沟通，而且容易和买家产生互动和感情，可以给买家留下很好的印象。比如：买家发个"玫瑰表情"来，我们的客服就要回应一个"拥抱或亲嘴"过去，而售后客服我们更希望绿色性格的人来担任，他们抗压能力强，不易怒，可以慢慢和买家磨蹭。他们不会惹怒买家，只要把问题解决好，不要让买家心里不高兴，就皆大欢喜了。

2. 什么样性格的人适合做运营和店长？在电子商务公司，运营是个很重要的岗位（我的公司运营总监和店长是同一个人），特别是一个草根企业，在管理不完善的情况下，这个岗位如果选不好人，会栽大跟头的。

我想说一下这个岗位有哪些漏洞。一是这个岗位知道后台的一切数据，包括买家资料；二是这个岗位管理着客服、美工、技术、产品、打包、系统对接等很多重要的部门和岗位；三是这个岗位直接对接淘宝小二（淘宝工作人员）。其实在这个岗位上，员工会犯错，因为有漏洞，有诱惑力，诱惑他去犯错。所以不管什么性格的人，其人品是第一的。其次，我们再根据性格色彩设置相应的人员。红色性格的人比较适合这个岗位，他们热情，容易接触新事物。马云说拥抱变化，他们是最容易拥抱变化的。但是他们太注重人，做事的目的性不强，所以要修炼他们的黄色成分。所以红＋黄比较适合做运营。但是黄色不能太过当，否则他们会容易把老板干掉或者以后自己创业成为老板的对手，因为他们掌握了你的所有资源和数据。而且为了自己创业或者跳槽到别人家，这些资源和数据是他获得更好待遇的资本。

蓝色性格的人如果做了运营总监，他的最大问题是管理他的手下，因为他们比较追求细节。特别是美工在作图方面，可能很难达到他的要求，而且他们比较内向，不善于鼓励人。蓝色性格的人不适合做运营总监，但非常适合做运营专员，专门负责直通车和钻展，他们会精益求精，而且会根据后台的数据做出细致的分析，做精准营销，为公司网络运营节约推广成本。

而绿色性格的人是不适合做运营的，运营最重要的是效率，没有非常高的效率就是浪费成本。

3.什么性格的人适合做数据分析专员？现在的电子商务非常重视数据，我们的互联网已经从IT时代走向DT时代，我们网店后台数据是我每天需要看的东西。店铺健不健康，我一看数据就知道出了什么问题。比如：今天为什么客单价由原来的700元降低到500元？为什么最近搜“棉麻旗袍”的人比较多？为什么顾客访问我的网店停留的时间由原来的180秒变成150秒了？所以最适合做数据分析的就是蓝色性格，我们家做数据分析和技术方面的人，蓝色成分比较多。

其他的一些岗位，和传统企业差不多，所以在这里我就不想太啰唆了。以上几点是我学了性格色彩以后，结合我在电商领域的工作的一些领悟和看法，我会继续深入学习性格色彩，让我在生活中、工作中多一些快乐，少一些麻烦。

性格色彩 + 电子商务，我们用“互联网 +”的思维来看性格色彩，我们也要用“性格色彩 +”的思维来看互联网世界。

当我们了解了不同的人，面对同样的一件事情有不同的看法的时候，我们才能发自内心地明白，在这个世界上，每一个人对待同一件事情的反应都是不一样的，要学会理解这是性格的差异，并非其他人一定要和你一样。只有选择对方接受的方式来与对方处理问题，我们才会事半功倍。

第五章

谎 言

捕鸟、钓鱼，因为有诱饵
鸟进了囚笼，鱼上了钩
你爱它们，怜悯它们
把它们养起来
鸟在笼里飞来飞去，想飞向天空
鱼在缸里游来游去，想游向大海
但是你很开心，你以为它们也很开心
你以爱之名，让它们活在你的世界里
而失去了它们自己的世界

01　谎言一：哪有父母不爱孩子？

“没有父母不爱孩子，只有不爱父母的孩子”，这句话是天大的谎言。破解这个谎言很简单，我随便找几个案例就能破解。

父母虐待孩子，让孩子遍体鳞伤的比比皆是。我记得南京一个人虐待伤害了十几只猫，心理学家对他分析，发现他从小遭受爸爸的虐待！还有很多的犯罪者，其实都是因为小时候遭受到了父母的侵犯或者伤害。有的甚至把孩子的耳朵割了……好多残忍伤害孩子的事情都让我心里发怵……你可以去百度一下，会发现不仅仅是一起而是无数起父母伤害孩子的事件。所以，天下哪有父母不爱孩子，这是天大的谎言。

这种观念长期受到传统文化的熏陶，让很多的孩子不敢说、不敢反抗、忍气吞声，因为我们中华民族讲究的是孝道，若有反抗，就被冠以不孝罪名，道德谴责，让人生不如死。最终导致这个孩子，轻则在未来的亲密关系中出现讨好型人格、关系疏离，甚至家暴行为，重则会有心理障碍、精神分裂症，更严重的甚至走上犯罪的道路……因为中华孝道的原因让他无法面对一个坏的父亲或是母亲，即便有，孩子也会通过一种自我保护机制把事实扭曲掉（自我防御三板斧：隔离、否定、投射），这样久而久之，就会无法做到身心合一，最终导致心理问题、身体健康问题和严重的社会问题。

因为每个人都是理性和感性的。我们在理性上能够抑制自己对父母的仇恨。但是你心里有没有恨？如果你在小时候受到了父母无理的欺压或者是打压，那么你心里自然有这样的仇恨，这是人之常情。即使你是我的父母，我只能在表面告诉我自己，我不应该恨你，但是我的内心是有恨的，我的内心在滴血。这个恨怎么办？情绪不能压抑着，我们必须合理化地表达。

如果情绪不能合理化地表达出来，总有一天，它会以更加丑陋的方式表达出来。

比如：我的内心有愤怒、仇恨、压抑的情绪，不能很好地表达出来，就会压抑到让自己生病。这就是不合理化的表达，就是通过身体表达出来，比如说会有胃病、子宫癌、乳腺癌、肺炎等疾病，或者让你变成一个心理疾病患者，或者以抑郁症、狂躁症等不合理的方式表达出来！甚至会伤害到他人，这就是以更加丑陋的方式表达了。

如果我们对父母有仇恨，理性上我们知道不该恨父母，但是我们内心真实的感受是有恨的，如果这个情绪不能很好地表达出来，那么到成年他就会转嫁给我们的配偶、我们的孩子，或者转嫁给其他人。我不能恨父母，但是我可以恨我的爱人、孩子、其他人，这种恨必须要表达，这就叫投射，把自己无法消化的情绪投射出去。

自我防御机制是弗洛伊德死了之后，他的女儿提出来的，弗洛伊德提出投射、否定、扭曲、幻想等，而弗洛伊德的女儿将自我防御机制的转嫁机制讲得非常透彻。这种转嫁机制就是造成许多“恶行”的结果。经常有人跟我讲他的心里压抑不能得到释放。特别是这种压抑来自自己最亲的人（父母或者是爱人），内心充满着仇恨，但是又没办法表达，所以心里有时候想自杀或报复社会，甚至想杀人。

成人模式是童年模式的再现。比如说你现在和你的伴侣搞不好关系，可能是因为小时候和父母的关系搞不好。如果你遇到一个男人，他的爸爸有家暴的倾向，经常打他或者他的妈妈，那么这个男人以后也有可能有家暴的倾向，只是你现在还不知道，因为你们在谈恋爱。等到你们结婚以后，他的家暴行为就会显现出来。

我的外甥女开始谈恋爱了，那天她来问我：“舅舅，怎么样判断一个男生是不是渣男？”我的回答有三点：

第一，看他和父母的关系。如果他和父母的关系比较顺畅，说明他受到原生家庭的影响比较小，童年创伤不会很大。父母最起码有一方比较明智，不会挑剔、批判、控制，而能做到无条件地爱着孩子。这样的孩子整体来说算是比较好的孩子，再坏也坏不到哪去。如果父母双方都是控制欲和批判性非常强的人，而且他们夫妻之间关系也非常不顺畅，那么这个孩子会很麻烦，最好少碰，否则婚后会给你带来无穷无尽的烦恼。那么怎么看他和父母的关系呢？当他和父母在一起的时候，是小心谨慎的状态，还是大大咧咧的状态，如果非常轻松、随意，那这个孩子和父母关系就及格了，可以相处。

第二，看他和事业的关系，看一个人是否有上进心和事业心，最主要看他有没有喜欢做的或者擅长做的事情，或者是不是一直在寻找自己想做的事情。切记！一个人，有一份自己想做的工作，并为之努力，愿意花更多的精力来做得更好，并能够获得不错的收入，至关重要。其实男女都一样，如果一个人没有工作，没有自己感兴趣的事情做，他就会把所有心思放在伴侣和孩子身上，这样一定会给你、给孩子、给家庭带来灾难性的后果。切记：恩恩爱爱、卿卿我我的小幸福，不能长久，不能陪伴你一辈子，唯独兴趣和事业才是你终生的“伴侣”，如影随形。

第三，看他和自己的关系，他能不能独处。在没有你在的时候，他在干吗？无论爱情有多黏糊，多甜蜜，多忠贞不渝，人的一生大部分时间是独自度过的。而且一段好的婚姻是需要各自空间的，如果他一个人的时候，不知道怎么办，无所事事，或者说无法独处，那么麻烦就大了，他会想办法控制你。控制，除了主动控制，更多的是被动攻击，如黏你、讨好、装可怜，甚至自残。一个人，有没有自我，或者说，有没有自我边界，就是看他有没有自己的空间，他在自己的世界里，看书、听音乐、写作、思考玩游戏都可以自得其乐。

02 谎言二：我都是为你好！

这是我老婆经常说的一句话："我都是为你好，我是为了这个家，为了孩子，而不是为我自己。"每次听到这样的话，我的内心深处都有一股无名的压力，非常压抑，无法表达。

一方面，我很清楚，我老婆为了这个家付出了很多，她是一个好女人。所以，有问题，一定是我的问题，即便我委屈万分，无法释怀，我也得忍着，因为老婆是为了我好，为了这个家。

另一方面，我很清楚，当老婆说一切都是为了我、为了孩子、为了家，言下之意就是我要听她的，按她说的、想的、做的来，我必须放弃自我、放弃我本来的想法、做法，以及我做自己的权利，否则就是在伤害家庭、伤害老婆、伤害孩子。所以我的所有的思想、所有的行为都是为了迎合老婆，而实际上，我怎么做都无法让她满意，最后把自己搞得疲惫不堪，而老婆也会被我搞得焦躁万分。后来有幸接触到性格色彩、心理学，自己在事业中也不断地修炼自己，不断地学习，才越来越好。也非常感谢我老婆。第一，她为我生了两个儿子，十八年如一日地为了家庭和我的事业付出；第二，她让我强大起来，以后无论风雨，都不再畏惧。

一把辛酸泪，满纸荒唐言，希望有一天，我能够把我们的爱情故事写下来，那绝对是世界名著。

我们经常会对孩子说："我做这些都是为了你好，我给你讲这个道理是为你好，我给你报这个补习班是为你好，我这样要求都是为你好，我这样累死累活都是为了你……"

"我是为你好"这句话真正的意思是"你要听我的"，你不仅要听我的，你还要懂得感恩，感恩我。

妈妈有一个苹果，妈妈舍不得吃，给我吃，可是我不想吃苹果，吃了我不舒服，我还要硬着头皮吃掉，而且还要感谢妈妈。

现在的离婚率很高，如果大家不是因为孩子的话，离婚率会更高。现实中有很多家庭就是这个样子的，他们就是为了孩子，所以才不离婚的。这个没有问题，共同养娃，哪怕夫妻之间没有了感情，但是还有责任，把下一代抚养好，这是我们每个做父母的责任和义务。为了孩子，我们可以维持一个完整的家，这本是好事，但是你不能把这样的心态传递给孩子，你千万不能说，丝毫不能说：要不是因为你，我们早离了。如果经常在孩子面前讲这样的话，会让孩子感受到，妈妈是为了我，才跟爸爸在一起的，爸爸是个坏蛋，妈妈是为了我，忍辱负重才来维持这个所谓的完整的家。

这样给孩子的感受是，父母是为了我，而成为不幸的人的，父母的不幸福，我是罪魁祸首。这样的孩子大部分都会活在自责、抑郁、内疚中，不能自拔，长大以后最容易变成讨好型人格。

夫妻之间分手，如果你的孩子是性格开朗的，对于你们夫妻之间的关系，无所谓，你们爱怎么样就怎么样，甚至还会劝你们，要离赶紧离吧，这样的孩子基本上不会受到太大的影响。但你的孩子如果长期在你以爱为名的控制下，虽然表面上变得听话、懂事，但讨好、纠结、内疚、自责也会伴随他一生。他一生都很难从自卑的阴影里走出来。

你知道最伟大的母爱是什么吗？是让孩子跟你分离，离开你就是最伟大的。无论是在动物身上，或是在人身上，都是如此。所以真正的亲子之爱都是指向分离，而不是指向陪伴。所以，你的孩子到什么年龄，他应该去做什么事很重要。他一步一步地跟你分离，然后养成自己的独立的人格特征。

我都是为你好，就是假以爱的名义，控制对方，甲之蜜糖，乙之砒霜。爱，本应该就是无条件的，不能附加控制、借口、道德、责任等条件，否则你和你爱的人一定会千疮百孔、遍体鳞伤。

03 谎言三：婚姻是两个家族的事情

这是一种没有边界感的婚姻，任何人都可以以家族的名义侵犯我们的私生活。而这种侵犯，在中国已经延续了几千年，深入骨髓。

当你认为婚姻是两个家族的事情的时候，那么在你的家庭观念里，一定是将亲子关系放在第一位，而夫妻关系则是放在第二位或者是第三位的，也就是亲子关系是核心，而夫妻关系是配角。

这是家庭关系伦理严重的错位。现代心理学专家一致认为，婚姻的核心关系应该是夫妻关系大于亲子关系，而不是亲子关系大于夫妻关系。

所有婆媳关系搞不好的原因都是如此。在你爸妈的婚姻里，你和妈妈的关系是第一位的，而这种共生关系无法让你成为一个独立的儿子，从而有了妈宝男。你娶媳妇，肯定要带着你妈一起娶的，而且当你有了孩子后，在你眼里，妈和孩子都是最重要的，媳妇无法达到夫妻平等的地位，于是婆媳关系就成为这个家庭最难搞的关系，甚至牵涉整个家族。

因此，真正的婆媳关系不是婆婆和媳妇的关系，而是婆婆、儿子、媳妇的三角关系。所以为什么婆媳关系在中国一直搞不好，就是因为家庭的排位系统从开始就排错了，但我希望能从你这里纠正过来。否则这样的排位系统会轮回下去，让你的孩子也同样承受着焦虑。

这里面有一个很深入的很微妙的情感就是嫉妒。

所以，当你的亲密关系，当你的夫妻关系，因为你的婆婆或者妈妈进入，你们的关系模式一塌糊涂，请不要在当下的关系模式中找问题，找答案，应该回到原生家庭的童年关系中找答案，一定在那里。

你知道一个人一生最大的敌人是什么吗？最大的敌人就是爸爸或者是妈妈，意思是最大的障碍就是爸爸或者是妈妈小时候对孩子造成的伤害。

什么是双边关系多边化？多边关系就是我们两个结婚了，结果我要和你妈妈相处，要跟你爸爸相处，我要跟你哥哥相处……而两个人的婚姻由此变成了很复杂的多边关系。

但婚姻就是双边关系，双边关系是两个人相处。我们由双边关系变成了多边关系，增加了一个就嫉妒成性，婆媳关系搞不好就是因为嫉妒成性。

如果你们的亲密关系中出现了多边关系，该怎么办？

首先，我们要和父母“断奶”。不要什么事都告诉你父母，我们是成人了，我们遇到的问题，我们自己可以解决，不要他们参与进来。试着和他们分开住，如果父母需要照顾，我们可以搬到父母那边住，而不是让父母搬过来和我们住。如果客观因素实在分不开，比如经济不允许，要照顾孩子，等等，我们必须调整心态，我们是家庭的主人，他们是需要我们照顾的孩子，家庭重大事件，我们自己做主，尊老爱幼，不如尊幼爱老。

其次，家庭排位调整，亲密关系大于其他一切关系。但是你很清楚地知道，这是对自己的要求，而不是要求对方，一旦要求对方，就是无形的攻击，借以爱的名义攻击对方。比如我们经常说：婚姻是两个人的事，夫妻同心，其利断金，等等，这些都是对自己的要求，而不是以其之名，要求对方怎么样。要求对方与自己同心，这就是控制。

最后，我特别想说一下，在有爱的基础上，相互理解、宽容和成长，在学习中自我修炼，遇到问题，自我反省，才是通往幸福的大门。但如果真的不爱了，分手和祝福也是我们的必修课，这一切都是为了遇见更好的自己。

04 谎言四：爱是有条件的

我们经常会听到这样的话，如果你再不听话，妈妈就不要你了；隔壁家的孩子怎么样怎么样；我怎么养了你这样的败类……特别是一些严厉的家长会认为，只有严格要求孩子，指出孩子的毛病，孩子才会成长，才是对孩子的爱，否则放任自流，不就成了“溺爱”了吗？

首先，我们要弄清楚什么叫溺爱。溺爱就是孩子想要啥就给啥，没有原则的爱。在这里我提到一个原则，意思就是对孩子没有原则的爱，就叫溺爱。

溺爱——无原则、无边界之爱；

真爱——无条件、无索取之爱。

无论你考试考得好不好，你都是我的孩子，妈妈永远爱你；无论你听话不听话，你都是我的孩子，妈妈永远爱你；无论你在学校受到了老师的批评还是表扬，你都是我的孩子，妈妈永远爱你。这就是无条件的爱，在爱的前面没有加任何条件。

只有你做到无条件地爱，才会增加孩子内心的安全感，孩子在你这里永远是安全的，不会被抛弃。

如果孩子一旦犯错或者表现不好，就可能被责骂，或者被推向父母的对立面，长期如此，孩子心里就会产生焦虑和恐惧，形成一种不安全感，这种不安全感会深入骨髓，带入到其成人世界里，变成一种讨好型人格。

有一次我的孩子在学校犯了错，受到老师严厉批评，老师让他在门外罚站，并要求在班里当众道歉。他内心无比委屈，晚上回来跟我说："我今天被罚了，老师还要我当着班里所有同学的面道歉，老师和同学都不喜欢我了……"说着，眼里含着委屈的泪水。我蹲下来把他抱一抱，摸一摸："不管今天发生了什么，哪怕老师和同学们都不喜欢你了，还有爸爸在呢，爸爸永远爱你。"就这样，我把安全感无形中就植入了孩子的骨髓里。"哪怕这个世界没有人爱你了，还有爸爸在。"

我永远站在孩子的一边，永远和孩子站在一起。这是我教育孩子的底层思维，只有你做到这一点，孩子才是安全的，你也会被孩子深深地爱着，这种爱是解决一切问题的根源。

安全的"安"，一个家，一个女，我始终认为家庭的根基在于这个家庭里的女人，为人妇也好，为人母也好，安全与接纳才会滋生出生命的力量。

05 谎言五：培养好孩子的性格

这跟父母的性格有太大的关系，比如说父母从小性格就是比较内向的，而且自律性特别好，那么他就没办法接受孩子特别外向、特别调皮、无法无天。在他的教育理念里，没有规矩，不成方圆。面对这样的孩子，他会想方设法，通过严厉教育、说教、讲道理让孩子改变成一个听话懂规矩的人，活生生把一个天生外向的孩子变成一个内向、沉默寡言的孩子。

同样的道理，如果父母非常外向，生了一个内向小孩，他天生比较内敛，独立，不喜欢结交朋友，就喜欢宅在家里，自己和自己玩……然后你会觉得这孩子怎么这么内向？应该多带去接触外面的世界，多和别人交朋友，见到陌生人打招呼，应该见人嘴巴变得甜甜的，喊爷爷、奶奶、叔叔、阿姨……一定要训练让孩子性格变得外向一些。这就是把内向的孩子外向化。

后果是什么?

后果就是让孩子变成了双重性格的人。我们知道人的性格是天生的，天生的内向，或天生的外向，在性格色彩里，我特别强调过，红色性格和黄色性格是外向型性格，蓝色性格和绿色性格是内向型性格。但是因为你强烈地塑造和改变，你的孩子天生的性格又染上了别的性格，孩子变成了一个多重性格，而且有可能变成一个完全相反的性格（既内向又外向），这会让孩子内心永远在内耗，在内斗，在矛盾和纠结，孩子长大以后就失去了自我，失去了主见。在遇到人生的重要选择时，内心就会激烈地斗争，我到底是应该遵循自己的意见，还是听爸爸妈妈的意见，内心永远活在纠结和矛盾中，他永远活在他人的世界里。

06 谎言六：让孩子多吃苦

原来我写过一篇文章叫《物质的匮乏》，有句话叫“贫穷限制了我们的想象”，穷人孩子早当家，却很难立业。我一直认为什么样的家庭，应该培养什么样的孩子，你的家庭穷，你就要穷养孩子，你的家庭富，你就要富养孩子，不分男女。当然我说是在物质上的给予，而非气质上，气质上，男孩子必须像个男孩子，女孩子也必须像个女孩子。当然，孩子多吃苦，多经历一些挫折是好事，培养孩子的心智和情商，但是不是人为地制造苦难，让孩子去吃。比如富二代去工地搬砖，去农村待几年，这些都是人为地制造痛苦，只能增加孩子的仇恨心理。社会越来越进步，物质匮乏时代将一去不复返，物质上的挫折也会越来越少。我们成年后才发现，几乎所有的磨难都来自我们的精神世界，哪怕是对物质的追求。

第一点，解决现实生活中真实遇到的挫折、麻烦和冲突，这才叫成长。人为地制造麻烦和冲突让孩子经历，那是虚假的不真实的，无论穷人家的孩子还是富人家的孩子，现实生活中一定都会遇到极大的麻烦和冲突！穷人有穷人的麻烦，富人有富人的麻烦。

第二点，吃亏是福。我认为这也是巨大的谎言，吃亏就是吃亏，为什么是福呢？如果孩子吃亏了，你就要让孩子自由地表达自己的真实感受，吃亏就吃亏了，是福就是福，不要把吃亏和福放在一起，混为一谈。

第三点，中国还有一句话叫“男孩子穷养，女孩子富养”。不！我觉得无论是男孩子还是女孩子，你家庭的情况是什么样子，你就要按你家庭的现实情况来养。如果你家庭条件不好，你就穷养；如果你家庭条件很好，你就富养。一定要根据家庭的实际情况，让孩子能够理解和懂得这个现实。让孩子能够站在现实生活中解决问题和面对挫折，活出真实的自我。

我再从另外一个方面来讲解“男孩子穷养，女孩子富养”。每个人都有两种资本，一种是心理资本，一种是物质资本。上面一点我是从物质资本来讲“男孩子穷养，女孩子富养”。

下面我从心理角度来讲，从心理资本的角度发现这句话也是对的。男孩子穷养，就是要培养男孩子的什么品质呢？竞争的品质，让男孩子学会合作和竞争。这叫男孩子穷养，一定要让男孩子像个男孩子的样子，像个男孩子就是在现实生活中去竞争去合作，他要去打造团队。同学朋友之间既是合作关系，又是竞争的关系。培养女孩子的温柔、高贵的公主气质，这叫富养。男孩子要培养他的阳刚之气，女孩子要培养她的阴柔之美。

07 谎言七：先苦后甜

我们很多人有这样的观念，先苦后甜，你现在经历痛苦，以后才会体会到幸福，我觉得这是悖论。按照弗洛伊德精神分析理论，成人的关系模式是童年和父母关系的重复。也就是说，如果你的童年是幸福的，那么你的成年就是幸福的；如果你的童年是不幸的，在你成长过程中，得不到修复，那你的成年也同样是不幸的。有的人用童年来滋养一生，有的人用一生在疗愈童年。你的孩子拥有一个幸福的童年，无比重要。

痛苦和快乐，如影随形，伴随每个人的一生，没有绝对的痛苦，也没有绝对的快乐，苦中作乐、乐极生悲才是人生的常态，你接纳了痛苦，快乐自然而来。

它不是一个结果，它是个过程，人生的过程更多的是一种心理的体验，它不是一个结果。如果你抱着永远是我追求幸福，追求快乐，那么这句话的潜台词就是你现在是不幸的，你现在是痛苦的，所以你得追求啊。不要把追求幸福当成你的人生目标，否则你永远追求不到，幸福就在当下，或者从苦难中滋生出来。

08 谎言八：爱得越真，伤得越深

有首歌，叫《为什么受伤的总是我》，这就是我们前面提到的强迫性重复，小时候在爱中受伤，长大了就会不断地揭开这个伤疤。

在心理学里面，这个强迫性重复是个很重要的心理性名词，这个强迫性重复是弗洛伊德发现的。有一天，一个小女孩在家玩球，她就喜欢反反复复把球拿回来再送过去，后来弗洛伊德根据这个现象研究人的心理，发现了强迫性的重复。

大学的时候，一个女生宿舍里住着六个女孩子，有一天她们聊天的话题是：希望自己未来的老公是什么样子的。

有的人说“我一定要找一个很帅的”，有的说“要找个有钱的”，有的说“找个爱我的”，有的说“找个我爱的”，有的说“找一个人特别好的”，有的说“找一个很有能力的”，等等。但有位女生就说：“我找谁都可以，只要不要跟我爸一样就行。”当时宿舍里一下子鸦雀无声，后来得知从小她爸就经常打她和她妈妈，而且外面还有女人，所以她骨子里特别憎恨她爸，她内心无数次想改造她爸爸，希望爸爸变成一个好男人，但是最终她爸爸没有回头，所以她发誓找对象一定不能找像她爸那样的男人。

后来听说，她一共结了三次婚，谈了五个男朋友。五个男人无一例外都跟他爸一样，出轨，家暴，没有责任心，最终都没有被她改造成功，她婚姻失败，人生支离破碎。

为什么会这样？因为从小她就非常想改造她爸爸，她多么渴望爸爸对妈妈好一点，她多么渴望爸爸浪子回头……所以她和爸爸所有的关系都是渴望、唤醒和改造。但是在她整个成长过程中，这并没有实现，她的渴望并没有得到满足，所以得不到的永远在骚动。

因为童年没有真正得到满足，没有改造成功，没有唤醒爸爸所谓的良知，也没有让爸爸回到身边。所以一旦遇到一个“坏男人”，这就会激发她本能的改造欲望，她就会对这个男人产生强烈的情感需求，这样的关系模式变成了强迫性重复，写入了她的潜意识里，她是意识不到的，这就是她三次婚姻失败的根源所在。

爱情是世间最美好的感情，它能激发人的斗志，它能疗愈人生的创伤，它也能毁灭一个人。但是我想说，如果你在爱中受伤了，那一定不是真爱伤了你，而是虚假的爱拨开了你童年的伤疤，真爱不会伤人，只会疗伤。

无论你多大，从你看见我的文字开始，希望你和我一样，剥开爱的谎言，让真爱回家。

第六章

引路

在黑夜里点一盏希望的灯
像天边的北斗指引找路的人
在心里面开一片接纳的窗
像母亲的怀抱温暖找路的人
也许你曾经迷失自己，但不要害怕
就当这个地方是你暂时的家
也许明天你要再度浪迹天涯
就让我一双祝福的眼眸陪着你出发

01 引路人——秋菊姐

很多人看过我的演讲《不抱怨，靠自己》，但是不知道有多少人看过《鲁豫有约》对我的专访，如果你们看过，就知道我在大学就开始勤工俭学了。感谢我的母校石河子大学，其培养了我养活自己的能力。

我想对我儿子以及所有即将上大学的孩子们讲，大学里有三件事，你必须去做，否则，你的大学经历是不完整的。

第一件事：培养你的兴趣和爱好。你如果不在早期找到兴趣和爱好，等你毕业以后，走向社会，忙于工作，成家立业，你就再也没有兴趣和爱好了，当你有一天厌倦了你的工作，甚至家庭出现危机的时候，你会觉得你的人生浑浑噩噩，毫无意义。

兴趣和爱好，也许是你以后的职业，也许是你现在的专业，也许只是你的业余生活，并非你的赚钱工具，但是它必将陪伴你的一生，特别是在你面对孤独的时候，它可以支撑你走过艰难时光。

我回想起大学里我喜欢什么，我喜欢下棋，我现在无聊的时候还会去下棋，自娱自乐；我喜欢读书，哲学、心理学、文学，我毕业做的第一件事就是开了一家书店，自己养活自己；我喜欢写作，曾经还做过我们大学文学社编辑，我现在在写我的第二本书，写书的时候，特别享受，我在和自己对话；我喜欢做点小生意，卖磁带、包电影院、带家教、卖瓜子，毕业后就一直在做生意……我突然发现，我大学经历的这些，我自发去做的那些事情，现在竟然一直在做，而且一生都会不离不弃。

第二件事：谈一场轰轰烈烈的恋爱。大学是个青春懵懂的阶段，荷尔蒙特别旺盛，生命活力四射，一定要谈一场恋爱，全神贯注地、满怀激情地、无怨无悔地、心甘情愿地去谈一场恋爱，在恋爱中学会爱人，在受伤中学会疗愈，在分手中学会独立。

也许你和我一样，是个自卑的孩子，无法主动去示爱，那么就把爱藏心里，让其化成文字和音符，这同样可以滋养我们的生命。

但是，我还是希望你勇敢地迈出这一步，一生无悔。人不会因为做过什么事而后悔，都是因为没有做过而后悔。

第三件事：学会自食其力的技能。我们走向社会，必将自己对自己负责，无论你家里有没有钱，大学毕业后，你就不能再向父母伸手要钱，这是衡量你有没有长大的一个核心标准。在大学里，你可以勤工俭学，可以兼职做家教，当然你可以去创业，开网店做电商，玩抖音做直播……总之，你可以靠自己的能力赚到一点钱，自己可以养活自己，我觉得这件事和你学的专业一样重要，你在提前锻炼你走向社会的生存能力。

我不希望大学生把四年的大好时光几乎全部用于专业学习或考研上，更不希望把大把的时间放在打游戏上。

以上三件事情，在大学里极其重要，做好了，必将影响你的一生。

从大二开始，我就尝试着做生意赚钱了，我做的第一件事就是卖磁带（随身听里的卡带）。在我们那个年代，有个随身听，可以听听音乐，就是最好的精神食粮了。

我是怎么走上这条路的呢？我在大一的时候就特别喜欢看书，我会去图书馆里看书，但是图书馆的书比较正统，我除了喜欢看正统的书以外，还喜欢看些杂志，言情、武侠小说，这些书在图书馆里很难找到。我后来发现，我们学校后门，有一个小的书店叫“秋菊书店”，可以租书看，我就经常来小书店看书。小书店老板娘叫秋菊，性格温和，对我很好。我每次租书都喜欢和她聊天，老板娘长得蛮漂亮的，我喜欢看她说话的样子。后来我们关系越来越好，有时候我看书她都不收钱了。最后我就认她做干姐姐了，她有时候忙进货出门办事，就叫我帮她看书店。书店一半业务是租书，一半业务是卖磁带，那时候我特别喜欢听港台的流行歌曲，我的偶像是郑智化，特别喜欢郑智化的歌，我是听着郑智化的歌度过我的青春岁月的，他的每首歌我都会唱，他的歌里既有生命倔强的力量，又有穿透心灵的悲伤。那时候，我觉得他的每一首歌都是为我写的。除了郑智化，我还喜欢童安格、黄家驹、王杰、刘德华、张学友、罗大佑、李宗盛、孟庭苇、林忆莲、张信哲、赵传……这些歌手，好像在当下这个快餐文化的时代里，已渐渐被遗忘了，但是他们曾经影响了一代人。

我经常去秋菊姐的店，有三个原因：一是我想看书，二是我想看秋菊姐，三是我想听歌。因为那时候我还没有随身听，也买不起，所以就经常到她的店里，一边看书，一边听歌，那段日子，内心挺温暖的，一种无形的力量吸引着我没事就往她店里跑。她店里的磁带，每天能卖十几盘，一般都是十块钱三盘，我发现买磁带的大学生真的很多，像我这样，钟情于某个歌手的学生很多。那个时候，听港台流行歌曲，看港台古惑仔系列电影，那是我们整个青春的精神寄托。

有一次，我问秋菊姐："你的磁带哪里进的？我能不能把你的磁带拿到我们宿舍里卖？"她说："你想卖我下次进货带你一起去，在乌鲁木齐。"石河子到乌鲁木齐坐车要4个小时，我第一次跟着她出远门，去乌鲁木齐，真的很开心。那时候我都怀疑，我是不是暗恋上她了，我发现她的眼睛睫毛好长，嘴唇很厚，脸上肉嘟嘟的，真的很漂亮，可是她估计有二十八九岁了，我才二十刚出头，怎么可能会暗恋人家呢？再说人家是我姐呢！好吧，我有邪念了……她把我带到音像市场，我发现磁带的进货价好便宜啊，1.2元一盘磁带，质量稍微好一点的是1.5元一盘，差一点的是0.8元一盘……我跟着她看她怎么进货，怎么选磁带，怎么跟老板谈，怎么把货打包带回来……

我跟着她来到乌鲁木齐，又不能搭把手帮她忙，有时候还要她照顾我，中午她还给我买盒饭吃。秋菊姐是一个很拼的女人。在回来的大巴上，秋菊姐在摇摇晃晃中睡着了，我静静地看着她，乌黑的秀发、温柔的脸庞，我不敢再注视下去，我的目光移向窗外，路灯忽明忽暗，远处北斗星清晰可见……我在想，秋菊姐真的是一位心地善良的女人，为什么平白无故带着我去进货？想到这里，我的眼里噙满了泪，我耳边响起了郑智化的歌《找路的人》：

在黑夜里点一盏希望的灯
像天边的北斗指引找路的人
在心里面开一片接纳的窗
像母亲的怀抱温暖找路的人
也许你曾经迷失自己但不要害怕
就当这个地方是你暂时的家
也许明天你要再度浪迹天涯
就让我一双祝福的眼眸陪着你出发

她让我懂得了什么叫慈悲和善良，她成了我走向创业之路的领路人。晚上11点多我们才回到石河子，她匆忙把货送到书店里，然后送我回宿舍。2019年我回石河子大学参加建校70周年庆典，我想回到秋菊书店看看，可是原址已经变成了高楼大厦，旁边原来有一个石河子五中，现在已经变成了石河子大学附属中学，秋菊姐再也找不到了，不知道她现在过得怎么样了。秋菊姐现在应该有50出头了吧，她一定还是那样美，我很想她……我发了一个抖音，寻找秋菊姐，可是再也找不到她了。有的人，无论是仇人，还是恩人，无论是爱人，还是亲人，一旦分别，就再也见不着了，但是在我们的生命里，依然开着一朵小红花，就是这些小红花，成了我们人生的风景。

她叫秋菊，秋菊打官司的秋菊，她是引领我走向创业的第一人，是我的领路人，我发自内心地感谢她，如果没有她，我可能就不会走向创业这条路了。

一开始我跟着秋菊姐一起去乌鲁木齐进磁带，后来我就一个人去乌鲁木齐进磁带，我把磁带带到校园宿舍里卖。

那时候口袋里没有钱，一个月150元钱生活费，去乌鲁木齐来回路费，中间再吃个盒饭，可能就花掉30元钱，那我得掂量掂量，手头就200元钱，如果这个生意做赔了，我可能就没饭吃了，要借钱了，别人会笑话我的。怎么样能让自己万无一失，能够赚到钱，我当时就有了风险意识，让自己投的钱不要有风险，哪怕不赚钱，最起码不要把我的钱亏掉。

比如说：我进了100盒磁带，结果卖掉50盒，另外50盒卖不掉，等于白做了；进了100盒，结果卖掉30盒，还剩了70盒，那就是亏本了；进了100盒，卖了80盒，那就是赚了。我想我进的磁带，一定要确保能卖掉。我带着一个本子和笔，每个宿舍敲门进去和同学们聊天，我说："我准备去帮你们买一些磁带，这个磁带我知道在哪里买便宜，3块钱一盒，你们要不要？你们要听谁的歌，告诉我，我登记一下。""我要刘德华的""我要张学友的""我要郭富城的""我要周华健的"……我一一登记，"403宿舍要周华健磁带3盒，刘德华磁带1盒，郑智化磁带2盒"。我就这样，一个一个宿舍敲门，我一晚上跑了8个宿舍，大致一数，磁带已经超过了100盒，我那时候心里就有底了，做啥事都要心里有底，心里有底才不怕。

到了星期天，我就坐车去乌鲁木齐，当时路费是12元，来回24元，中间吃了一个盒饭3.5元，花了120元钱，进了100盒磁带，总共加在一起，我花了大约150元钱，我那时候口袋是200元，我还给自己留了点生活费，万一没有生活费了，问题就大了，那时候不像现在有微信、支付宝，转账很容易，那时候都是钞票，家离学校那么远，汇钱也得半个月才能收到，向其他同学借钱，也不好借。所以，我给自己留了50元，我还是会算的，做事情还是比较稳扎稳打。就这样，带着100盒磁带回来，晚上9点钟回到学校，新疆的晚上9点，相当于合肥的晚上7点，晚上熄灯睡觉的时间是凌晨1点，早上8点起床。我走到宿舍楼道就喊："我回来了，要磁带的赶紧来我宿舍409……"就这样一个小时全部卖完，一盒不剩，我给自己买的郑智化的磁带也被他们抢去了，这也是我挣到的第一笔钱，够我一个月的生活费。后来我推销完我们系的男生宿舍，再去女生宿舍推销，推销完我们系的，再推销别的系的，我算了一下，一学期，我赚了接近1000元钱，90年代的1000元，我省吃俭用，可以花半年。

不知道你看了我的这个小故事，有什么启发吗？后来我总结了三点，这三点，在你刚起步的时候至关重要。

第一，我跟对了人，秋菊姐，她对我很好。而且我觉得跟她在一起，很开心，很愉悦，她成为我创业路上的第一个领路人。

第二，我认识秋菊姐，跟着她学习，帮她看店，跟她去跑市场，我就越来越熟悉这个行业。我又喜欢读书和听音乐，做自己熟悉并擅长的领域。

第三，我做了调查，得到了市场的反馈。按照现在流行的话讲，我先做了预售，我看市场反馈怎么样。再针对市场的反馈，去定制化销售，这样基本上把风险降到最低了。

现在回想起来，我的大学生活是多姿多彩的，我卖过磁带、随身听，摆过地摊卖书、和田玉。那时候一个和田玉手镯，进价才几块钱，而且是籽玉的，非常好，卖出去才十元钱，现在想想，当时如果花 2000 元囤点新疆和田玉，现在已经价值 200 万元了吧。想到这件事，我并非觉得可惜，而是觉得社会上有些东西在非常态发展，比如说现在的房产，我一直没有投资，从我买的第一套住房 2000 多元一平方米，到现在合肥的房产 20000 多元一平方米，有的学区房炒到 50000 多元一平方米，我认为是非常态的，但是我现在太弱，没有能力去改变，我只能提升自己，让自己强大起来，为社会多做一些事情。

我突然想到关于名和利的话题，在很多人看来，你崔万志出名了，又赚了很多钱，名利双收啊。有时候深夜一个人，我在想，我在乎名利吗？名利对于我意味着什么？

金钱、名声、鲜花、掌声，还有美女，我真的需要吗？我在深夜里和自己对话，灵魂深处的对话。

“崔万志，你要金钱吗？”

“要，但不多，我要让我的家人过上比较好的生活，不愁吃不愁穿不愁住，家里有事，生病住院，出去旅游不为钱而烦恼。”

“要多少才够？”

“一年 50 万，足矣！”

“那么其他的钱呢？你准备怎么花？你每天如此地拼搏，不是为了赚更多的钱吗？人是贪得无厌的！”

“超过 50 万，那都是社会的钱，只是我在帮着打理，用这些钱多为社会做一点事，提供更多的工作岗位，改善员工的生活，做好自己的产品，为社会创造更大的价值……我承载着使命。”

“崔万志，你自己一年花多少钱？”

“不超过5万元！”

……

“崔万志，你有那么多粉丝，每次演讲完，前拥后抱、鲜花掌声，你一定美滋滋的吧？”

“我不是美滋滋，而是笑呵呵的，我的笑是给他们的，我自己的内心波澜不惊，甚至有点不情愿……”

“那你为什么还这么迎合？你这不是矛盾吗？你不是一直倡导大家做自己吗？你做的就不是你自己啊。”

“我有两个我，一个外在的我，一个内在的我，外在的我需要名和利来实现内在的我的理想和抱负。”

“有点烧脑。”

“释迦牟尼说过，要普度众生，你就要到众生里去……我不需要，但众生需要。”

“你还是为你自己。”

“是的，做自己！”

我一直奉行一句话：人不为己，天诛地灭。这句话在我这里的本意是一个人如果不修炼自己，不修行，不施德，天诛之，地灭之。

后来，我做家教带过两个学生，都是高三的，两个学生都考上了重点大学，一个上了西安交通大学，一个考上了我的母校石河子大学。

大三的时候，我承包了学校的电影院，一个小型的放映厅，可以坐

300 人，原来放映厅是属于学校图书馆管理，每周六、日会放一些老掉牙的片子，一个人收费 1.5 元，没有几个人看，我去过几次，能坐三五十人就不错了。放映员是图书馆的一个管理员，没事我就跟他聊天，我说："这么少人，你还放啊？"他说，这是他的工作啊。

有一天，我突然有个奇想，我说："这样，我给你 50 元钱，你能不能让我选片子，我来放啊，然后我卖票，收的钱是我的，亏了，我也给你 50 元，我想办法让更多的同学来看电影，这样我勤工俭学，赚点生活费可以吗？"他请示了图书馆馆长，馆长同意，就这样，我就把图书馆的放映厅承包下来了。

我看了图书馆所有的录像带目录，除了一些经典的原声大片，就没有什么流行的电影，管理员说外面可以租到，石河子有个影视租赁公司，不过，那些都是正版，租一部电影带子差不多 10 元钱。了解行情后，我做的第一件事是调查，和我卖磁带一样，我找了三个男生三个女生，每个人帮我跑一个宿舍楼层，就问他们想看什么电影，我做了个目录单，有奥斯卡大片系列、港台系列、国内电影等，每个人选三部画钩。就这样，我就根据调查的结果选片子了。我做的第二件事，就是周五，在所有宿舍楼下的海报栏贴上公告，公告是我亲自用毛笔写的。

图书馆放映厅强势推出

本周六晚大片呈现 / 明星云集

19：00-21：00　廊桥遗梦

主演：梅丽尔 · 斯特里普

21：00–22：30　古惑仔之人在江湖

主演：郑伊健、陈小春

22：30–24：00　英雄本色

主演：周润发、张国荣、狄龙

门票：1.5 元看三部，送瓜子一袋

地址：农学院图书馆西侧阶梯放映厅

那天我收了 430 元钱门票，我给图书馆 50 元，同学们帮我忙，帮我调查、把门、卖票、打扫卫生，我请大家吃大盘鸡和拌面花了 75 元，租片子花了 30 元，买瓜子花了 20 元，一共费用没有超过 200 元，一个晚上我就赚了 200 多元钱。后来我周日白天也包场了，每场几乎人满为患，再后来我也不送瓜子了，直接卖瓜子，去市场称过来，当时好像一千克瓜子六七元钱，回来我让同学帮我用牛皮纸叠成锥形小袋，一包卖 5 毛钱，单单瓜子我就能赚 30~50 元。

后来，其他班的同学有的眼红了，就去找图书馆管理员，说也要承包放映厅，崔万志给 50 元，外面给你 100 元一场，管理员就找到我了，跟我谈条件……最后竞争激烈，一个月只能轮到我一场，而且费用涨到了 150 元，我就赚不到那么多钱了。

关于我承包电影院的故事，我想给大家分享我的三点感受和经验总结。

第一，我在做任何生意的时候，包括我 20 多年的创业都是如此，先做一些基础的调查和数据分析，了解市场，把风险降到最低。然后进行试探式的尝试，不要一下子投资太多，小步子原理，实践是检验真理的唯一标准。当然 20 多年的创业历程中，我做过很多项目，有成功，也有失败，后来我自我反省，很多失败的原因除了客观的市场、环境、产品因素，我无法控制以外，一个很重要的原因是我自己的问题：想当然。自己想得很好，但实际做起来不是那回事，我缺少了调查和尝试。

我毕业以后开书店、网吧，后来开网店、卖服装，这是算我已经成功的项目，但是没有人知道，我做过内衣、床上用品、新疆大枣、旗袍餐厅、万志小酒、易晓男装、幸福纪共享珠宝、社交电商 APP 半职等等，最终都以失败告终。

想当然，自以为是，这是像我这样“聪明”的人最容易犯的错误，我们的大脑会欺骗我们，大脑里想的和实际践行的也许差别十万八千里。我突然想到《西游记》，孙悟空一个跟头十万八千里，为什么还要经历九九八十一难，一步一步走到西天取经？这可能就是《西游记》告诉我们的人生真理吧。

谨防大脑欺骗自己。

第二，团队的力量非常重要，我一个人，根本承包不了放映厅。而且我身体不好，行动不便，我发动了我身边的好同学一起帮我，我才可以做好。包括我这么多年创业，更是如此，没有家人的支持、团队的协助，怎么可能有我的今天？我始终抱着一颗感恩的心，我崔万志有今天，何德何能？都是他们给予我更多，才成就了我。我想说两点：（1）你要舍得，舍得把钱花了，经常请大家吃饭聚餐是团队最好的凝聚方式，我觉得最好的团建就是吃饭喝酒唱歌；（2）始终抱着一颗感恩的心，你的成功，只是你运气好，你运气好，是因为你身边的人好。

第三，经营生意，其实就是了解需求，特别是现在，大部分人物质需求已经得到满足了，更重要的其实是精神需求。我当时承包电影院也是满足了同学们精神世界的需求。我放奥斯卡原声大片，大家听不懂英语，我把我的班主任刘洪老师请到现场，给大家做翻译，大家一边欣赏到了经典影片，一边还学习到了英语。其实这里有个很微妙的心理逻辑：同学们不是来娱乐的，而是来学习的，这样会减轻学生的负罪感。我还会放大家都非常追捧的港台剧，不是浪漫的爱情，就是《英雄本色》，这几乎是每一位男生女生内心的一个梦，我播放的电影满足了他们内心的渴望。

02 绝处逢生

没有我在大学的这些经历，我真的不可能走向创业这条路。大学毕业以后，我找了三个月的工作，投了200份简历，最终没有一家单位收我。我爸爸还不断地托远方亲戚给我找工作，最后也都是空手而归。

我毕业后，在家里待了半个月，我就离开家了，一个人来到合肥，一开始住在我二姐夫的宿舍里，我白天去找工作，晚上回到二姐那边，很破旧的十平方米房间住着我们三个人，我和姐夫睡床上，我二姐打地铺，外面走廊灯光昏暗，大家都在走廊上做饭。

我记得我最后一次找工作去面试的时候，面试官看见我歪歪扭扭地走路的样子，说话还结结巴巴，我没有做完自我介绍，面试官就把我的简历揉揉，扔进了垃圾桶，然后不屑地对我说："你快走开，你快走开，你别挡着后面的人……”从那以后，我再也没有找工作了，那天独自走在大街上，下着小雨，风很大，刮在我的脸上，我的眼泪再也忍不住地滚了下来，我分不清那是雨还是泪……我暗暗发誓，总有一天，我会来这里招聘人。

我现在要做的第一件事，就是养活自己，我不能再从家里面拿钱了，也不能一直住我姐夫那里，我要赚钱养活我自己！合肥对于我来说，是个陌生的城市，我该怎么办？

我的脑海里经常浮现出父亲为我求学下跪的样子，父亲用一生的精力和爱告诉我：“抱怨没有用，一切靠自己。”

我该怎么办？我在大学里摆过地摊，那我就去摆地摊，这是我最熟悉的行业。而且我深知学生的生活方式和心理需求，快到圣诞节、元旦了，贺年卡明信片、一定好卖。同学们都会互赠祝福，那时候传递祝福最好的方式就是明信片贺年卡，写上一段祝福的话，邮寄给对方。那时候我口袋里还有 186 元钱，我就到合肥城隍庙批发市场，批发了 100 张贺年卡，来到一个中专学校的门口附近摆卖，后来被门口保安看到了，他用手指着我说：“你一个残疾人在这里卖东西，这个影响市容啊，赶紧走吧。”不让摆怎么办啊？我就想了一个办法，从另外一个门混到学校里面去了。我在校园里转了一圈，发现一条学生必经之路，就是从教室到食堂，一到放学，学生们都蜂拥冲向食堂，和我在大学里是一样的。那我就在这条路上摆，在吃饭的时间摆，结果真好，好多学生吃完饭从食堂出来就会围上来，我 100 张卡片一会儿卖了将近一半，有的学生一买都好几张。第二天，我又来了，我进了 200 张卡片，7 毛钱进的，我 1.5 元一张，2.5 元两张卖，一天能赚好几十元。有一位女生买了我 8 张卡片，一直在和我砍价，我说

“10 元钱”，她非要给 8 元钱，我说“不可以”，她说“如果你便宜的话，我叫我们宿舍的女生都来买”。我脑子一灵，心想，“这个好啊”，我说：“要不这样，你把我卡片拿到你们宿舍去卖好不好，我这里还有 200 张呢，你卖多少是你的，你给我按一元钱一张结算可以不？”她满口答应，然后问：“那怎么把钱给你呢？”我说：“你把学生证给我抄一下，我只要知道你是哪个班的，哪个宿舍的，叫什么名字就好了，我明天来，你把钱给我，卖不掉的话，就退给我。”

就这样，这个小女生，帮我卖了差不多 600 张卡片，我赚了 180 元钱，小姑娘也赚了 100 多元钱，很开心，叫我崔大哥。

1999 年的冬天，我摆地摊一个月赚了七八百元钱，那时候我姐夫在国有企业里是个小领班，工资才 400 元，我一个月摆地摊赚的钱竟然是我姐夫工资的两倍。这个小小的成就，极大地滋养了我，让我找到了信心，让我坚信自己能够养活自己，只要我放下面子，肯吃苦，我就可以赚到钱！无论是在大学里，还是走向社会，我都可以。

面子是什么？我一个堂堂正正的高才生去摆地摊，我并不觉得没有面子，我在摆地摊的时候，从未想过我是一名大学毕业生。直到 2000 年元旦过后，我的卡片不好卖了，我就去市里面摆地摊卖袜子什么的。有一次在我们合肥逍遥津附近看见有人下象棋残局，围了一圈人，因为我从小就喜欢下棋，我自然也去看看热闹。就这样，我发现下残局也可以赚钱，我立即回去研究我一直收藏的象棋残局棋谱，我花两天的时间，研究了大概八个棋谱，我捣鼓得滚瓜烂熟，我也去逍遥津，开始摆棋摊……一天下来，下棋的有二三十人，能破残局的几乎没有，一天我可以赚四五十元。

在我棋摊旁边是一个看手相的，我地上铺着象棋纸盘，他地上铺着阴阳八卦图，好像我们都是在传播中国传统文化……久而久之，我们也成了熟人。我发现一个很奇怪的现象，看相的人并没有下棋的人多，他收 2 元钱一个人，我也是 2 元钱一个人，但是我发现他一天赚的钱比我要多，他会“读心术”啊，每次都会说人家某某时间有劫有难，如果想破解，或者达愿，必须再掏钱，有的人掏 5 元，有的人掏 10 元，甚至有的人一下子掏 50 元。有一次，旁边没有人，我就挖苦他，斜着眼看着他：“你就是个江湖骗子！看什么相啊？你就是骗人家钱，有本事你把自己命算一下，明天有没有警察来抓你啊？”

他当时就怼了回来：“那你呢？你明明知道这个残局没有人能破得了，看着能赢，一下就输，你不是在这里骗人吗？”

我心里一颤，原来并没有觉得自己是在骗人，经他一提醒，我突然觉得自己也一样。那天晚上回到我租的住处，睡在床上看着天花板，眼泪不由自主地滑下来了，一个堂堂正正的大学生在这里骗人。第二天，我就没有去摆摊了，在屋里待了两天没有出去。我在想，我这么热爱象棋，我能不能光明正大地下棋，我不下残局了，我下整盘棋，我输赢都明明白白。

第三天下午，我又回到那个地方，摆上整盘象棋，你下得过我，我给你两元，你下不过我，你给我两元。就这样我大概有 70% 以上的赢的概率，一天下来也能赚个 10~20 块钱。我发现每次下棋的时候，总是有一些人围着，忍不住指手画脚，既然旁边有这么多人，那我能不能同时和两个人下啊？第四天，我就买了好几盘棋，我同时跟两个人下的时候，虽然有点分心，但还是可以应付的，而且还有很多叔叔爷爷们夸我：“这小孩腿脚不好使，下棋还不错，一个人可以下两个人！”结果，越是夸我，我越是显摆，我一个人同时下三个人……结果越来越难赢了，本来一心很难二用，现在我一心三用了，结果我越下越吃力，一天下来，没有赚到钱，还亏了，我知道我骄傲了，我嘚瑟了。

再后来，我又恢复到一对一了，结果我发现了一个天大的商机，我的两盘空闲着的棋盘，旁边两个人下起来了，我说：“要不这样，谁输了，给我一元钱就可以了。”就这样，我从一个下棋人变成了一个摆棋摊的小贩，我买了十盘棋，谁输掉，谁付一元钱棋盘费。就这样，我有时候高峰一天能赚 80 元，一个月下来赚了 1000 多元钱。

小时候，我很自卑，唯一让我有点自信的就是我会下棋。我爸特别支持我下棋，我爸下棋不行，但是经常陪我练棋。我记得，夏天傍晚，夕阳透过我家门口的洋槐树，星星点点地洒落在凉床上，那时候家是茅草屋，没有空调，没有风扇，甚至没有电，每家每户夏天的时候都会搬出一个凉席在外面乘凉，我喜欢躺在凉席上，仰望星空，还有头顶上从洋槐树上吊得很长的吊吊虫，我就想，一根丝，可以拉这么长，虫子也不掉下来，而且还可以顺着丝又爬上去了……小时候，特别喜欢看小虫子，蜜蜂、蜻蜓，还有屋檐下蜘蛛在织网，我会一直盯着，它把丝吐出来，再用腿挑着，一段一段地黏上，直到把网织满，我在想蜘蛛它是怎么学会织网的，是它妈妈教它的吗？还是天生就会呢？大自然真奇妙。

那时候，爸爸光着膀子，肩上搭着一条湿毛巾，一边摇着扇子，一边陪我下棋，一边嘴里嚷嚷：“这下看你怎么走？将军！”我总是能破解爸爸的将军，每次爸爸输了，说“下不过你”，我都特别开心，“哈哈，爸爸又输了”。太阳慢慢落山了，家里烟囱袅烟冉起，和天空染成一片……

大学毕业以后，从摆地摊到摆棋摊，好像都是我以前干过的事，人生就是不断地轮回，循环上升的轮回，像爸爸做木工的钻子，每次钻木的时候，爸爸来回拉，那个钻齿就不停地转，好像一直在上升，其实是一直在下沉，人生其实也是如此吧。

从摆地摊到摆棋摊，不知道你能不能受到一些启发？其实做生意，几乎所有的点子都是在做的过程中发现的，而不是提前预设好的，如果你想创业，头脑里大概有个想法就好了，不要把计划做得特别细，按部就班是不可能把事情做好的，问题在实践中不断地出现，在解决问题中，你会捕捉到灵感。山重水复疑无路，柳暗花明又一村。如果你觉得前面没有路了，那一定是你只在想，没有去做。

想起鲁迅先生的一句话：希望本是无所谓有，无所谓无的。这正如地上的路；其实地上本没有路，走的人多了，也便成了路。

我想说：没有希望，也没有绝望，你脚下没有路，你走多了，也就成了你的人生之路。

第七章

梦想

在你最无助、最落寞、最绝望的时候
你还有一颗不死的心
那是一束光
或是星星之火
或是熊熊烈火
那就是梦想

01 亦心之恋

大学时认识了秋菊姐，她让我滋生出一个梦想，毕业后如果我找不到工作，我能像秋菊姐一样开个小书店，那我一生就够了，既能看书，又能养活自己，这是多么好的人生。

大学毕业，找工作被拒绝，被迫无奈去摆地摊，流浪街头，睡过桥洞，两天吃一份盒饭……而这些都没有让我放弃内心的梦想。我一边摆地摊，一边在寻找哪里适合开书店，我当时和我爸说过，我想开个小书店，我爸不同意，我爸说，我手脚不便，又是农村人，亲人又不在我身边，万一遇到地痞流氓，我被人欺负，谁帮我啊？为了不让我父母担心，我就不再提开书店的事了。

1999 年，因为生活压力，父亲被村里人介绍到汕头打扫公共厕所，拉粪便，一个月 500 元钱。那时候没有电话，父亲一走，就很难联系上了，所以我开书店，我爸都不知道，第二年农忙，他回家的时候才知道。有一次摆棋摊的时候竟然遇到我的初中同学陈波，他高考没有考上，因为家里穷，就没有补习了，我补习了一年才考上石河子大学的。当时他在一家单位做保安，他也喜欢下棋，路上看见有人摆棋摊，就围了上去，一看竟然是我。那天晚上他请我吃大排档，我们喝了两瓶啤酒，我们都不能喝酒，喝一点啤酒就面红耳赤，但聊得甚欢。

我说，我想开个书店，可是爸妈担心我一个人，手脚都不方便，怕被人欺负……他说："那我们一起开吧，不过你要跟我回我家里，说服我爸妈，我没有钱。"我问："你不是有工作吗？一个月多少钱啊？"他说："还不到 300 元，只够我一个月开销，又要吃饭又要租房。"第二天我就和他回到老家，我家在大许村，他家在上湾村，我们是邻村。那天晚上在他家吃的晚饭，他家家徒四壁，连个像样的桌子都没有，比我家还穷，那天晚上我是趴在他家锅灶上吃的，我的左手是端不了碗的，我只能趴着吃，我记得小时候，爸爸让我学端碗筷，怎么教都不行，我脑瘫神经功能受损，不仅没有力气，最主要是容易晃动，然后就会把一碗饭撒掉。那天晚上，我们竟然说服了他妈妈，他妈妈说："儿啦，你要好好跟万志干，他是大学生，肚子里有墨水，就是爸妈砸锅卖铁也会借钱给你们开书店！"不到三天，他妈妈真的东拼西凑，借了 1000 块钱给了陈波。我知道这 1000 块钱，对于当时非常贫困的我们的那个村庄，靠天吃饭，一年也挣不回来。

陈波拿了 1000 元钱，我摆地摊挣了 1600 元钱，我又找我二姐夫借了 1000 元钱，就这样我们一共 3600 元钱。

我在摆地摊的时候，看过很多学校旁边都有好几个书店，我会在那里一边摆地摊，一边蹲点，有时候也进去看看书，一方面看人家生意怎么样，另一方面了解一下学生们现在喜欢看的书，和我在大学里秋菊书店的书是不是一样的。我去过合肥的很多学校，交通学校、安徽大学、合肥工业大学、中国科技大学、粮食学校、纺织学校、电力学校……大学旁边一般都是电脑房多，门面也贵，不适合开，只能在中专学校旁边开。经过我的长期观察，在合肥当时最破的合瓦路上有个学校叫合肥商校，竟然一个书店都没有，只有距离一千米外有个打字复印部里面可以租书。我们租了一间石棉瓦房，租金 260 元一个月，我们用一张窗帘拉了一下，里面可以放一张床，外面就是书店，我们还卖一些文具用品，就这样我们的亦心书屋开张了。开张后生意火爆得不得了，三天时间 500 本书，竟然租得所剩无几了，书架上都空了。后来我又找了我的高中同学程干、杨军借了 1000 块钱，又进了 150 本书。我和程干、杨军在高中拜过把子，当时他们上了中专，一个做了警察，一个当了老师，他们把一个月的工资都借给我了，当时觉得好同学、好兄弟一辈子，我们现在依然是好兄弟。

我为什么叫亦心书屋呢？亦心合在一起，就是恋人、恋爱的“恋”，可见我对爱情的向往如此深入骨髓，包括我后来的网吧叫亦心网吧，淘宝网店叫“亦心家园”，再后来创立品牌叫“蝶恋”“雀之恋”。在大学，我不仅喜欢看书，还喜欢写诗歌、小说、散文，我当时还在文学社里担任编辑、诗歌组组长，不仅在校内发表文章，还在一些外面的刊物上发表，包括我们《石河子日报》、石河子广播电台、《读者文摘》、《辽宁青年》、《散文诗》……当时我的笔名就叫“亦心”。

因为大学里，我经常在秋菊姐的书店里帮忙，我对学生们喜欢看什么书，书从哪里进的，折扣怎么样都非常熟悉了，那时候合肥两个图书批发城，一个是安徽大市场，一个是三里街。三里街图书城一般是以中小学教辅材料为主，而大市场什么书都有，有专门做武侠类的，古龙、金庸、梁羽生应有尽有，有专门做台湾言情类的、日本漫画类的、文学名著类的……

我们白天看书店，晚上继续夜市摆地摊，在合肥商校不远处，有一个小空旷地，叫北五里井，商校位于城乡接合部，北五里井旁边都是种庄稼的田地，这个小场地路灯很高很亮，特别是夏天，很多人在这里乘凉。我就寻思着晚上能不能在这里摆棋摊，我们摆了一个星期后，这里就慢慢热闹起来了，有人来做大排档了，有人搞个电视来唱卡拉 OK 了，还有套圈圈的、摆地摊的……北五里井夜市就这样起来了。

我那时候开书店，确实很拼很努力，有一天，晚上 11 点多回来，房东阿姨在门口哭，她家的煤炭炉子就靠着我们里屋的墙角，那个墙是石棉瓦砌的墙，炉子倒了，点燃了石棉瓦，着火了，把我们的被子都烧了，书也烧了上百本，幸亏阿姨起床上厕所看到，否则后果真不堪想象，后来房东免了我们三个月的房租，还给我买了床新被子。

后来我把隔壁的一间门面也租下来了，卖礼品、磁带、影碟和文具，合肥商校有个广告系，学生对笔墨纸砚的需求比较大，特别是卡纸、水彩纸、颜料。就这样，2000 年的时候，我们一个月纯收入达到 3000 元，陈波分 1000 元，我分 2000 元，那时候的 2000 元应该相当于现在的 2 万元吧。后来我们又开了个小超市，还有电话吧，实在忙不过来了，我姐，我爸都过来帮忙，我爸还学会了炸爆米花，没事的时候，在我店门口炸爆米花，一天也能赚 20 元钱。

从那以后，我爸和我姐再也没有离开我身边了，一直在帮我，我大姐现在在帮我带一批人做旗袍手工，还要打包发货，我二姐在帮我管理财务。

我爸爸从我开书店开始，就帮我看店，后来帮我看网吧，再后来在我工厂里做饭给工人吃，2011 年我爸查出了胃癌，然后胃全部切除了。就在上个月，爸爸摔倒了，就一下子卧床不起了，现在茶饭难进，说话都没有力气了……写到这里，我想哭……

我已经想好了我的第三本书的名字：《我的父亲》。

我今年 45 岁，我的亲人陪伴了我 45 年，没有亲人的支持和无条件的付出，就不可能有崔万志的今天。

02 亦心网吧——生命中的里程碑

开网吧是我创业中的一个里程碑。那时候电脑很贵，我十台电脑，一台主机，一台收费机，加上租房，装修花了差不多 6 万。我自己有两万，家里东凑西凑，借高利贷，一共借了 4 万多，其中有 3 万是高利贷，利息是两分，一年利息 7000 多。一开始父母都不同意，家里没有一个人同意我开网吧，主要是投资太大。为了说服他们，我带着我爸、几个叔叔在合肥看了好几家网吧，每个网吧都是人头满满。后来，我爸他们几个弟兄商量，决定支持我，几个叔叔，一家出 2000 元，二姐夫拿了 10000 元，大姐夫从外地打工回来，专门帮我看网吧。我记得我们去提电脑的时候，我大姐夫把 5 万元钱放在一个黑色塑料袋里面，揣在怀里，然后外面披了个大衣，当时特别害怕，害怕路上万一遭抢劫怎么办？那天下着毛毛细雨，我们打车去了百脑汇电脑城，那是我毕业以后第一次打车，我以前出门，哪怕是进货，我也是坐公交车，打车太奢侈了。关于开网吧的事，我就不啰唆了，如果写出来，有太多的故事和细节，我的网吧 2001 年开，10 台电脑，2009 年转让的时候 120 台电脑，连证卖了 53 万。

因为网吧，我认识了我现在的妻子，因为网吧，我爱上了互联网，因为网吧，我走上了电商这条路。

从亦心书屋到亦心网吧，我想和大家说三点感悟。

第一，你的内心深处是否有一个向往，或者一个梦想，无论你遇到什么困难，你的人生有多糟糕、多低迷、多绝望，这个向往始终在，从未动摇过，而这个向往成了你前进的动力。我能把书店开起来就是如此，哪怕我摆地摊，睡桥洞，我也没有忘记，我想开个书店，而且我时时刻刻都在寻找机会。

第二，在你创业初期，赢得亲人的支持和帮助是至关重要的。有很多朋友问我，想创业做自己想做的事，家人不支持怎么办？这就是你创业面临的第一个困难，你要想办法赢得他们支持，让他们安心、放心，如果你没有能力做到这一点，建议你就不要去创业了。在这里，我再强调一点，赢得家人支持，而不是和他们对着干，最后甚至反目成仇，那么即便你成功了，你也不会快乐。

第三，作为老板，无论是小老板还是大老板，你都要知道，最辛苦的、最劳累的一定是你，你别想着做个甩手掌柜，那些所谓的“甩手掌柜”，不是江湖骗子，就是故意做给别人看的，一切都是假象，真正的老板甩不了手。我到现在，每天的工作时间都不低于 12 个小时，我相信马云也好，王健林也好，王石也好，董明珠也好，一天睡眠 8 个小时，对他们来说都是奢侈的。

既然创业这么累，为什么还要创业？我想起刘欢的一首歌《在路上》，送给大家：

那一天，我不得已上路
为不安分的心，为自尊的生存
为自我的证明，路上的辛酸已融进我的眼睛
心灵的困境已化作我的坚定，在路上
用我心灵的呼声，在路上
只为伴着我的人，在路上
是我生命的远行，在路上
只为温暖我的人，温暖我的人

第八章

创业

我从来不认为自己会成功
就像我从来不认为自己会失败一样
创业路上向死而生
蝶恋——破茧成蝶
用一生去完成

01　电商——台风来了，猪都会飞起来

因为开网吧，我喜欢上了互联网，2003 年我就在易趣上做起生意来，那时候我是联众世界的一个帮派的帮主，可能没有几个人知道这个游戏了，它是最早期的棋牌类游戏，比腾讯游戏早两年，那时候我开网吧，晚上经常通宵看店，没事的时候，就去联众里下棋，玩梭哈游戏。后来在联众世界论坛里创立的帮派，进行一些虚拟货币的交易，就是有人玩梭哈赚了很多联众游戏币，有的人就输了很多，如果你找官方充值 100 元，只能得 1200 个联众币，如果你找我买，100 元，我可以给你 2000 个联众币，我怎么给你呢？游戏币又不能转让，我可以梭哈输给你的，一分钟搞定。我的游戏币哪里来的？我收啊，你赢了可以卖给我的，你输给我 2500 个联众币，我给你 100 元。其实我就是一个中介，因为大家相信我，通过

我这个中介达成交易，这样确保双方的交易安全，为什么大家相信我呢？因为我是帮派老大，那时候没有淘宝，更没有支付宝担保交易，我就是担保人。

后来不仅卖游戏币，还收购买卖联众账号，比如我有几个三位数、四位数账号，我还记得“CCTV”我卖了700元，“0551”我卖了350元，后来开始卖五位、六位QQ号，卖了好几百个，一边收，一边卖，赚差价，2004年我搭建了一个游戏充值电商网站：智浩网络www.sale888.com，后来合肥市有300多家网吧用我的平台充值点卡，我二姐天天帮我跑网吧收钱，我一直到2008年才关闭这个平台，关闭的原因是什么卡都可以在淘宝上买到了，而且比我便宜得多。从联众币到QQ号到充值平台，我应该赚了一套房子，那时候我买的第一套住房，91平方米，还不到30万。

我是2004年从易趣转向淘宝，我的第一个淘宝店叫“亦心家园”，一开始就是做游戏币、QQ号、QQ币等交易，后来转型做女装，亦心家园交易量应该超过了200万笔，我看了后台有133万条好评，不过现在这个淘宝号几乎闲置了。

2006年年底，我的淘宝店想转型做女装，先在百度上搜“女装批发市场”，才知道杭州四季青、上海七浦路、广州十三行、深圳南油、虎门富民、北京、义乌、常熟、湖州、苏州……凡是大型女装批发市场，我都去了，短短两三个月，我磨破了五双鞋，我走路容易伤鞋。

那时候对我来说，最大的困难就是找货源，跑了100家档口，被99家轰出来，原因有两点：一、老板一看见我走路说话都不好，就会不屑，甚至像打发要饭的把我打发走。有的老板还有点同情心，给我一个馒头或者一袋方便面吃。我说我是来进货的，不是要饭的，他们不信；二、有的老板没有赶我走，就问我在哪里做。我说在淘宝上卖，老板没有听我说完，立即把我轰走："淘宝都是卖假货仿货的，我们家货不给在淘宝上卖。"

有一次，在杭州，刮台风，下大雨，伞根本撑不住，足足在风雨里走了一天时间，衣服湿透，又饿又冷，晚上十点多，好不容易找到一个25块钱的家庭旅馆住下，泡了一袋方便面吃，热腾腾的方便面原来那么香啊。之前我是不喜欢吃方便面的，打那以后，我就爱上方便面了。想想现在，无论是自己出差，还是别人邀请演讲，动不动就住五星级酒店，差别真的是大啊，我一直说我不是一个追求物质享受的人，写到这里，连我自己都怀疑自己了，为什么会这样呢？

在自己过往的人生经历中，这种反差对比有很多，我记得有一次在网吧，我看到地上有50元钱，我竟然用脚把它踩起来，等人不注意，顺手捡起来，装进口袋里，然后若无其事地巡查网吧。我还记得有一次，我在酒店捡到一支劳力士金表，我第一时间交给了前台。难道是我的道德提高了，还是境界提高了？

不喜欢吃方便面的是我，现在经常和孩子一起吃方便面的也是我；

睡桥洞的人是我，住豪华酒店的人也是我；

偷偷捡钱的人是我，拾金不昧的人也是我；

当众说话紧张、不敢说话的人是我，千人万人演讲收放自如的人也是我；

当初山盟海誓不离不弃的人是我，后来斩钉截铁转身离开的人也是我……

人生也许就是如此吧，一边失去，一边成长。

后来我印了两盒名片，一个地址写杭州四季青，一个地址写广州白马服装城，我去杭州进货的时候，就给老板递广州白马的名片，我去广州的时候，就递杭州四季青的名片，然后再也不跟任何老板说我是开淘宝店的。就这样慢慢就有一些档口愿意和我合作了，真的是功夫不负有心人啊。

后来开淘宝店卖女装，烦事问题太多了，又是三天三夜说不完。拍照拍不出来效果，照相馆老板根本就无法拍出淘宝网店的图片效果，招来的刚刚毕业的美女大学生，根本就不知道如何做模特……当时在档口看上的衣服款式，回来了怎么看怎么丑，根本卖不掉……后来直接盗图，从网站上、杂志上盗图。看好的图片，然后根据图片去市场上淘，淘不到，就找工厂做。

2007 年，我看到一款胸前印着一双绣花鞋的 T 恤，图片非常好看，我凭直觉判断，这款女式 T 恤，一定好卖，而且淘宝上还没有。我想找一个小加工厂帮我做，我就在合肥论坛上搜相关信息，当时合肥论坛非常火，几乎合肥人只要上网，都会上合肥论坛，不过现在不知道这个网站还在不在了。我在合肥论坛上搜到一个网名叫“丑裁缝”的人，他发过好多帖子，我得知这个人断了胳膊，也是一位残疾人。我就和老婆一起去找这位“丑裁缝”，在梦园小区的一个菜市场里面找到了他，他当时在菜市场里面租的是一个小门面，开的是一个裁缝店，平时帮人家修修补补衣服，也做衣服。我们推进门，里面有点暗，没有开灯，店大概有十来平方米，有两台缝纫机，一个四十多岁的男人，穿着灰色的褂子，在缝纫机上趴着大口大口地吃面条，他的一只袖子是瘪的，我想这就是“丑裁缝”吧，我一歪一歪走到他面前，轻声地问：“您是合肥论坛上的‘丑裁缝’吧？”他说：“我不是，我老婆才是，论坛帖子是我发的。”

感觉他有点像黑社会，我还是有点怕他，还是轻声轻语地说：“我想找你们做衣服，我要做2000件T恤。”

他的眼光突然从面条里抽了出来，盯着我，上下打量了一番，说：“你留个电话和地址，等我家晓敏回来，我让她打电话给你们。”从他眼光中我可以看出，他当时一定在想：这家伙是谁啊？比我还会吹牛。

后来晓敏真的打电话给我了，并来我家找我，见了第一面，我就觉得很踏实，那天简单在我们家小区楼下聊完，我随后去银行直接取了20000元钱定金给她，她装着若无其事的样子，跟我说：“两个星期交货。”

就这样，他们夫妻成了我创业路上的贵人，我们也成了一辈子的朋友，后来他们扩大了裁缝铺，将其变成了一个小型加工厂，专门给我们做衣服，叫“尔朴树服装厂”，尔朴树是我注册的第一个商标。再后来，随着我的网店生意越来越大，晓敏去了广州，专门给我们买版，采购面料、安排生产，一扎广州就是三年。

后来因为种种原因，我们还是分开了，但是我们之间的情谊从未淡过，2018年，晓敏老公因脑出血，离开了人间。他们吵吵闹闹、分分合合那么多年，晓敏说，终于清净了。

晓敏，今年应该是38岁吧，还是守着那个小加工厂，工厂里有个手艺非常好的哑巴，至今未娶，我有时候和晓敏开玩笑，我说：“你就嫁给他吧，他那么好。”晓敏说：“你别跟我胡说八道”……

晓敏，是个非常能干、刚强的女子，还能喝两杯，喝多了，就会说，她会经常梦见老纪，然后偷偷地哭。

晓敏，老纪活着的时候，每次干架吵架都咬牙切齿，恨不得马上离婚，老纪没了，你却守着你们共同的东西从未离开……你和老纪是冤家啊。

你和我老婆也是冤家，和我也是冤家，那么我们就好好珍惜这份一辈子无法还完的“冤情”吧。

晓敏，到老了，我们一起去旅游吧……

晓敏做的这款T恤，我们累计卖了接近20000件，29元包邮，一件算下来有4.6元利润，三个月一直霸占女装T恤类目第一。2008年下半年，淘宝出了一个新的频道叫“淘宝商城”，淘宝小二邀请我们入驻，需要注册公司、商标，后来我们就成立了合肥蝶之恋服装设计有限公司，注册的商标叫“尔朴树”。

在经营尔朴树这段时间里，发生了太多的事情，一开始同学合伙，后来分道扬镳，走向法庭……这里有太多的血和泪。我现在还经常梦见我的同学，梦见他背着我去医院的场景。

至于我们是怎么样通过各种方法把手续搞全入驻淘宝商城，后来改名叫天猫，怎么样花巨款买下商标“蝶恋”的，我就不再啰嗦了，2009年，我们做了1000万元营业额，2010年3000万元，2011年5000万元，2012年8000万元，我的员工从5个人到150人，就这么两三年就起来了。

2009年是我发展最快的一年，我都不知道怎么回事，从原来的5个人的团队，一下子变成了35个人，我就租了两层写字楼，一层办公，一层仓库，有时候，一天能发上千个包裹，那时候申通快递的合肥市包裹也不到一万单，我占了十分之一。快递员到处传播，说那个残疾人崔万志家生意真好，很多人慕名来我们公司参观学习，大部分人都是偷偷摸摸地来，比如来应聘客服什么的，有的就经人介绍，来拜访，我总是毫无保留地给大家传授经验。后来《合肥晚报》的记者刘兵生，通过残联联系到我，给我做了《合肥晚报》一整版的报道，他曾经问我一个问题："你是怎么样把网店开这么大的？你有什么独家秘籍吗？"其实我也不知道我是怎么起来的，我抓抓头发，打了个比喻："厉害的不是我，是阿里巴巴是马云，阿里巴巴就像一阵台风，台风来了，猪都能飞起来。"

这句话，后来流传很广，很多人都以为是小米雷军说的，或者是马云说的，没有人知道，这句话是崔万志说的，2012 年我在全球网商大会上面对记者还说过：现在台风没了，猪被摔得奄奄一息。

2010 年的时候，淘宝统计的数据有效网店有 60 万家， 2012 年涨到 1100 万家，商家翻了 20 倍，流量翻了两倍，以前直通车 1 毛钱一个流量，2012 年，有效流量，类似"连衣裙、打底裤、T 恤女"这样的关键词，没有 2 元，在前五页根本翻不到你的产品……我记得 2010 年，我一个 banner 广告位 3 万多元一天，我卖了 75 万元营业额，2012 年，我花 12 万元广告费一天卖 8 万元营业额……然后淘宝小二跟你使劲地灌输，这是健康的，要长期看，这是对你的品牌宣传，你是淘品牌，我们会重点扶持你们的。于是我们就糊里糊涂签订 KA 商家，什么叫 KA 商家？就是一年广告费不低于 500 万，而且要预付 30%。什么直通车、钻展、超级麦霸、聚划算等等，不仅广告费水涨船高，而且产品同质化很严重，一款连衣裙，我花了十几万终于爆了，排到淘宝搜索第一页了，卖了 5000 件，马上有人就仿了，我卖 129 元，人家和我款式一模一样，甚至图片都是盗我的，人家卖 69 元包邮，我算一下，我的成本都不够。虽然 2012 年我做了 8000 万元的营业额，但是我真实亏损了 400 万元，当时我租了一栋楼，4000 多平方米，除了琳琅满目的衣服，账上没有流动资金，还有接近 400 万的货款要付。

2012 年，马云老师知道了我的情况，一个残疾人带着上百位员工，而且还有很多是像我一样的残疾人员工，把电商做到安徽第一，在阿里系几乎没有。然后阿里巴巴副总裁梁晓春、总监金光大师等一行来我公司考察指导，经过我们的努力，淘宝店被评为“2012 年阿里全球十佳网商”，在杭州人民大会堂，马云亲自给我们颁奖，主持人问我获奖感言，有没有心得分享给大家，我说了一句：“今天很残酷，明天更残酷，后天还是很残酷！”我改变了“马爸爸”的经典名言：“今天很残酷，明天更残酷，后天很美好。”当时“马爸爸”第一个站起来为我鼓掌，全场 4000 多人响起热烈的掌声。颁奖后第二天，阿里巴巴媒体部安排了几十家媒体对我做了专访，“残疾掌柜年入 5000 万”“从摆地摊到十大网商脑瘫掌柜”“指尖上的网商达人”“我省网商崔万志进入全球十强”……新闻报纸网站的标题党漫天乱飞，崔万志火了……于是凤凰卫视《鲁豫有约》也找到了我，我上了最牛的访谈节目《鲁豫有约》。

2012 年是我最辉煌的一年，也是我最落魄的一年。一方面外表光鲜亮丽，荣誉满载而归；一方面公司如履薄冰，负债累累。白天面对别人笑，晚上躲在被窝里哭。一方面被外人崇拜为神，一方面被要债人骂“德不配位”……我的身心进入了冰火两重天的世界。年关将至，供应商堵着门要债，我每天电话都不敢接。我记得有一位苏州的供应商，专门给我们做针织衫的，我欠了他 40 万元货款，他每天给我打多个电话，我没有接，他就带着怀孕 6 个月的老婆从苏州吴江开车到合肥，一下子坐在我的办公室不走，晚上 9 点多了都不走，我真有点害怕，万一他老婆孩子有点什么事，那我不是千古罪人。那天我整整一天，找朋友，找同行，东拼西凑搞了 28 万元给他们回家过年，另外 12 万元，2013 年年底才还掉……

02　旗袍——我的小而美之路

第九届全球网商大会上，马云做了主题演讲——“小而美”，我在下面听得如痴如醉，什么叫小而美？垂直、细分、专注，女装是个很大很全的类目，女装里有连衣裙，有裤子，有风衣，有毛衫……那么我们能否只做女装类目里面的某一个小类目，然后精益求精，深耕细作，只要有人买风衣，就会想到你的店铺，你就成功了。听了马总的演讲，我的脑海里不断在思考：我的小而美在哪里？

2012年年底，为了躲避债务，我关了手机，回到农村老家，整天寻思着如何转型，如何突破，如何还债，如何小而美，就连吃饭、睡觉、上厕所都在想公司何去何从。有一天，太阳真好，妈妈把压箱底的衣服都拿出来晒霉，我看见一件带着盘扣镶着补丁的大襟袍，我眼睛一亮，这不是旗袍吗？妈妈年轻的时候也穿旗袍？这难道就是我日思夜想的“小而美”？旗袍是近现代历史最重要的服饰符号，民国的文化，东方的艺术，服饰的旗帜，我经常在张爱玲的小说里读到她对旗袍的钟情，大学里，我不仅喜欢写作，我还研究汉语言文学，也拿到了汉语言文学自学考试本科文凭，尤其对张爱玲的文字情有独钟。看到妈妈的旗袍，我似乎看到了一盏灯。

年少的我，曾经一度希望自己未来成为一名作家，如今的我却成了商人，但是内心的文人梦一直没有熄灭，否则现在我也不会写书，哪怕再忙，我还是抽点时间来写书，我的书是我一字一字敲出来的，而且是一指禅。我给大家曝一个内幕：很多名人或假名人出书，都不是自己写的，最多就是口述，然后职业写手去添油加醋，就成了书，市面上那些非作家的书，90% 以上都是如此！还有很多的出版社、书商找到我，要为我出书，他们有直接写好的，直接署我名就可以了，而且还给我钱，2 万元到 10 万元不等，《电商运营三板斧》《创业与管理》《做最好的自己》《演讲改变人生》等等，我一律拒绝，本不该属于我赚的钱，我如果拿了，晚上会睡不着觉。我的书，我必须自己写，我在写书的时候，感觉自己在和自己的灵魂对话，我喜欢这种感觉。

在我的骨子里，我一半是商人，一半是文人，所以带着文化底蕴的旗袍点燃了我内心的渴望。于是我没日没夜地研究旗袍的数据、文化、历史、工艺、市场，年后回到公司召集大家开会，成立“雀之恋旗袍小组”。

03 IP打造——崔万志旗袍品牌之路

2008年，我开了两家天猫店：尔朴树女装旗舰店和epsure旗舰店，之所以叫“尔朴树”，是因为当时我们做的是日韩风格的，所以取了个韩式的名字尔朴树，翻译成英文就叫epsure。当时还有个梦想，就是我们的品牌能走向世界，所以英文的名字也很洋气——epsure，这两个名字我想了三天三夜。

2010年，我遇到了人生第一次巨大的挑战，和合伙人分道扬镳，最后他把我告上法庭，要我赔偿他150万元。

2007年，我决定从网吧脱离出来，正式成立公司做电商，我的两位高中同学来合肥看我，多年未见，两杯小酒下肚，我们聊得很欢，一位同学一直在上海做碎布生意，叫李泽风（化名），就是专门到各大服装工厂收购尾货和碎布，然后卖给面料工厂重新加工成新的布料，所以他也算是服装生意人，手里有一些服装工厂的资源，对服装行业比较了解。另外一位同学在乡下中学当老师，教历史，师范中专毕业，叫胡明耀（化名），他一直说，在乡下当老师没有前途，想做生意。就这样，那天晚上我们豪情壮志，一起干电商，好兄弟一起打天下。

第二天，我们就签了一份最简单的投资协议书：

甲方崔万志投资20万元和亦心家园淘宝网店，乙方胡明耀投资5万元，丙方李泽风投资5万元，共同经营淘宝网店，崔万志股份70%，胡明耀股份15%，李泽风15%，按比例承担风险和分红。

甲方签名　　乙方签名　　丙方签名

第二天，我们就把合同签了，他们也很爽快，一个星期就把5万元钱准备好了，打了过来，我自己打了15万元，另外5万元还是三个月后才凑齐到账的，当时我还在经营网吧，我网吧每个月有1万多元收入。

我想说的是：2007年，5万元钱，对于我们普通老百姓，算很多了，那时候20万元在合肥可以买一套房子，5万元够首付了，所以我们的初心都是很坚决的，兄弟一起打天下。

我们是高中同学，也是一个宿舍的，平日关系很好，他们对我也很照顾，我们相信，同学之情、兄弟之义大于一切，即便我们干亏了，也一定不会红脸。大不了，我回去继续开网吧，他们该做生意做生意，该当老师当老师好了，合同就是一个仪式，签了后，我就不知道放哪里去了。

我做梦都不会想到，我人生的第一场官司竟然是我的同学联手把我告上法庭，索赔巨额财款 150 万元……

2007 年 5 月 1 日，我们就在我家小区租了一套住房作为我们的办公室，六楼，120 平方米，没有电梯，800 元一个月，每天爬楼并不觉得累，而且每次进货都要扛到六楼，打包发货，快递大哥再从六楼扛到一楼，一大包，少则 50 斤重，现在估计没有一个创业人这么干了，现在每天爬六楼，估计你连这个工作都不想干了……我当时就想，朋友一起合伙真好，最起码可以帮我扛货啊，否则我和老婆怎么把货搞上来啊。

那时候，胡明耀，学校的课就不上了，停薪留职，好像还有一点工资，他说一个月大概 1100 元基本工资。

我们三个人分工也基本明确，胡负责公司管理、财务、打包发货等，李负责在上海对接一些服装资源，不参与公司运营，只参与分红，我呢，负责整个公司运营，还有我老婆，负责产品、设计、美工、客服……后来又招了两个客服，有一个客服叫王兰兰，后来成了我公司的主管，工作认真负责，再后来，嫁给了爱情，随男朋友去了厦门，我还是挺怀念她们的，永远祝福她们。

直到 2008 年 7 月份的时候，淘宝推出一个新的频道叫淘宝商城，原来的淘宝一下子没有了流量，我们的生意下滑得很厉害，有时候两三天都没有一个订单，这样的情况一直持续了三个多月时间，每个月工资、水电费、房租、货品……钱哗哗地往外流，我们资金流很快就要断了。我对胡明耀说：“现在公司遇到了前所未有的困难，我们要想办法度过去，不能倒下，有两点，我们需要马上去做，第一，注册商标，入驻淘宝商城，第二，我们自己人暂时不拿工资，什么时候盈利了，再拿。”当时我的工资是 2000 元，胡是 1500 元，我老婆是 1500 元。

胡沉思了一会，用极其微弱的声音回答：好。

三天后，胡说：“今晚我们去北五里井吃王良才酸菜鱼，我请你。”那天晚上，胡喝了三瓶啤酒，我喝了一瓶，胡说：“学校现在催得紧，如果再不回去教书，公职就保不住了，又没有收入，家里开销大，老婆意见也很大，崔啊，你还有个网吧，我们没有工资，什么都没有了啊！”

我深切地感受到了我兄弟的不容易，是啊，如果公司不给他发工资，学校又不能教书，他压力真的好大啊。我说：“那你先回去教书吧，公司的事我扛着，做不好，你们不要怪我就行。”

就这样，胡暂时离开了公司，不过，有时候周末，他一有空，他就来帮忙，那时候起，我和老婆，也没有了一分钱工资。

后来我们注册了尔朴树和 epsure 商标，通过操作，成功入驻了淘宝商城，即后来的天猫。当时我们公司名字叫合肥蝶之恋服饰有限公司，很想注册商标“蝶之恋”，但是注册不下来，因为义乌有个人注册了“蝶恋”商标。

2008 年 10 月，李泽风从上海回来，说他现在很困难，家里要盖房子，父母亲逼得紧，能不能把投资的 5 万元钱还给他，我觉得确实有点惭愧，老同学投资 5 万元到现在也没有赚到钱给人家分红，就和胡商量，准备给李 6.5 万元，这 1.5 万元我出，以后公司赚钱了，再还我。胡同意。就这样，我们三个人吃了一顿饭，我取现金 6.5 万元，给了李泽风，当时因为兄弟情，也没有打任何条子，签任何字据，就这样，李退出了。

一直坚持到2008年年底，公司业绩没有明显好转，只能收支平衡，而且库存也越来越多，占用资金，公司实际上举步维艰。每天晚上，公司客服下班了，我一个人守着电脑，旁边就是我的床，每次听到旺旺“叮咚”一声，我就立即爬起来回复信息，生怕错过每一个顾客。时间久了，有时候脑海里会产生幻觉，旺旺并没有响，总以为旺旺有人在咨询买衣服……

因为长期久坐熬夜，从那时候起，我落下了腰椎疾病和结石毛病，并日益加重。我记得有一次，我结石犯了，疼得我在地上打滚，满身冒虚汗，是胡明耀把我从六楼背下来，送我去医院。

2009年开春，不知道为什么，一下子生意就好了起来，大部分订单来自淘宝商城，我们两个店铺很快冲到淘宝商城类目前五，epsure女装旗舰店竟然三个月霸占女装类目第一，后来淘宝商城女装几乎有一半的店铺都在盯着我们家的两个店铺，我们做什么，他们就做什么，后来才有了韩都衣舍、茵曼、七格格、阿卡、裂帛……

因为跟风严重（其他品牌模仿我们太疯狂），再加上我们两个店铺尔朴树女装旗舰店和epsure女装旗舰店风格相似，那时候淘宝商城总裁逍遥子（张勇）亲自打电话给我，让我关闭一个店铺，否则按重复铺货处罚，取消淘品牌流量扶持。

在阿里巴巴高管强势的压力下，各路小二软磨硬泡的沟通下，我们被迫停止了epsure店铺运营，退出了淘宝商城，主攻尔朴树女装旗舰店。

2009年，因为淘宝商城的崛起，公司迅速扩大，胡明耀又回来了，继续和我并肩作战，我们从民房搬进了写字楼，从5人迅速扩张到30人。因为服装加工需要，我们又在广西玉林（我爱人家乡）开了一家小型加工厂，由我老婆和她大姐直接对接，安排生产。

由于公司业务迅速增长，公司管理跟不上，矛盾也就越来越多，特别是胡与我爱人的矛盾越来越大，再加上在公司运营上意见分歧，矛盾不断激化，并最终爆发，对簿公堂。李起诉了我。

我第一次摊上了官司，一下子击破了我对人性美好的认知，我一直认为人性是善良的，即便像胡也好，李也好，还是我之前遇到的一些不公平待遇也好，我其实都能理解对方的无奈，想想也就释怀了，我的内心里从来不恨谁。

拿到他起诉的材料，我哭了，第一次在创业路上泣不成声！那天晚上我喝得烂醉，虽然只有两瓶啤酒，我一个人，在北五里井夜市大排档，要了份酸菜鱼，看着霓虹灯下来往的车辆和人群，脑子里一片空白，一条野猫窜来窜去，那眼睛冒着蓝光，我夹了两片鱼扔在地上，猫一边歪着头看看我，一边看看鱼，然后猫手猫脚走过来，吃了鱼，然后一直看着我，看了很久……

猫有九条命，我只有一条命，老婆孩子父母都在等着我回家呢，我必须给他们笑脸，不能灰心，不抱怨，靠自己。崔万志，这条命你要活出个人样来。

法院开庭的时候，我的家人、朋友、同事都到场了，最后法院认为，当初李泽风打款5万元给崔万志，凭证属实。崔万志说已经给李泽风的6.5万元现金，无任何凭据和证明，不予支持。故裁定李泽风2007年转给崔万志的5万元作为借款，崔万志予以退还，此案了结。

这下，世界终于清净了吧，我终于可以安心地干我的事业了，不到三个月，我又从写字楼搬进了一幢独栋楼，我把4000平方米的一栋楼租了下来，一楼工厂，二楼办公，三楼四楼仓库打包发货。平均每天1000单以上。

以上信息全部是我真实的创业经历，当然有些涉及家庭、公司以及社会方面的一些隐私，我省去了，如果都一一描绘出来，会比上面故事精彩十倍，我想通过这段经历告诉所有的创业者三点“铁论”，切记切记！

第一，创业初期靠亲人，创业中期靠合伙人，创业后期靠自己。创业是一条修行路，最终你会孤独地迈向顶峰，在这条路上，不断有人离开，背道而驰，甚至反目成仇，你要有强大的内心去面对痛苦、委屈、挫折和磨难，这是必经之路。我要告诉你，很多创业失败的真相并非产品、团队、营销、市场出了问题，而是关系出了问题，特别是至亲至爱至近的关系，夫妻关系、亲子关系、父母关系，如果处理不好，必然占据你的心智，吞噬你的心智，毁灭你的心智，外在投射到你的事业上，而且你没有精力专注于你的事业，导致你的事业一塌糊涂。解决办法：带上慈悲之心，成长自己，强大自己。

第二，事业和感情永远是两条路线，交集越多，问题越大，不能用道德、义气代替规则和法律。一定要花精力把合同拟好，把提前预计到的问题写在合同上，特别是合伙人，股份制，必须写清楚的几项：投资金额、股份比例、分红方式、风险承担、财务制度、退出机制、决策机制等等。而且一定要让律师过目，律师主要把关的是合同是否有漏洞，是否合法，至于条条框框，还需要自己亲自把关，关键的时候，合同说话。

第三，没有谁创业一帆风顺，越是做得大，问题越是多，千万不要认为别人那么好，我怎么一塌糊涂，也不要以为我终于把这个问题解决了，我就一帆风顺了。每一个光鲜的外表里面都血雨腥风，每一个黄袍里面都是刀光剑影，只是你不知道他们的内心足够强大足以应付这些磨难而已，遇到问题，反观自己，再放过自己，你的智慧从磨难中产生。尼采说：那些杀不死你的必然使你更加强大。

2011 年，因胡李联手攻击，我的蝶之恋公司账号被冻结，尔朴树女装旗舰店也无法正常经营，也无法转让给胡，所以只能退出天猫，从此江湖上再也没有 epsure 和尔朴树了，幸好，我一直念念不忘“蝶恋”这个商标，2009 年，我通过各种关系，联系上义乌注册商标的这个人，软磨硬泡，花了 6 万元买下“蝶恋”商标，蝶恋旗舰店 2011 年年底正式运营，隶属我的新公司合肥浩强电子商务有限公司旗下，从此蝶之恋公司只剩下被冻结的外壳，什么业务也没有了，因为账号被冻结，连注销都办不了，至今还没有处理好。

2011 年年底，蝶恋旗舰店正式上线，我带着运营团队，从零开始，通过爆款思维模式，半年时间做到天猫女装前百强，大约一个月营业额 300 多万元，当时我的运营总监叫黄璜，从一个在仓库打包发货，讲话和我一样紧张的小伙子，干到我们天猫店运营总监，我记得 2011 年年底年会，我奖励他 5 万元，另外还送他去淘宝大学总裁班学习。可是 2012 年上半年，我们再也做不上去了，怎么操作都不可以，日营业额从十多万掉到七八万再掉到三四万，广告费（直通车、钻展、聚划算）每天都在增加，有时候一天投五万，产出四万……是我们不行了，还是电商环境变了？

越卖越便宜，越卖越艰难，卖得越多，亏得越多，面对 25 万件库存，我陷入了万丈深渊之中。淘宝商家越来越多，2010 年淘宝有 50 万家，2011 年 100 万家，2012 年 800 万家……广告费也从 1 毛一个点击涨到 2 元一个点击。

我在演讲中有提到 2012 年我欠了 400 万元的外债，也是在 2012 年 9 月 8 日，我被评为阿里巴巴全球十大网商，在万人瞩目下，马云亲自为我们颁奖。也是在颁奖典礼上，马云做“小而美”的主题演讲，由此启发我做旗袍的想法。

2012 年春节，看春节联欢晚会，杨丽萍舞蹈《雀之恋》精彩绝伦，如梦如画，年初八，上班第一天，我注册了商标“雀之恋”，并入驻天猫。我和同事们说，准备重启一个盘，雀之恋旗舰店，做旗袍，大家用惊讶的眼神看着我，旗袍在他们看来，需求量很小，怎么卖出去，卖给谁？大街上就没有看到穿旗袍的人。

我说：“你们平时逛街什么的，有看到怀孕的孕妇吗？很少见吧，但是中国每年有上千万婴儿降生，因为你没有怀孕，如果你怀孕了，你的圈子里就会见到很多的孕妇,你平时逛个超市,上个公交车,你都会碰到孕妇,你的心在哪里，你的眼里就会看见什么。即便 100 位美女，有一位喜欢旗袍，也是上百亿的市场，旗袍就是我们要打造的小而美。”

我抽出公司十位精兵强将，成立“雀之恋旗袍小组”，王腊琴任雀之恋运营总监。又一次归零，从头开始，我们不懂得旗袍工艺，我就带领设计师、技术师南下深圳，找到一个旗袍工厂，设计师和技术师傅就去工厂应聘车工，偷偷学艺，我和老婆在宾馆待着，晚上同事回来，把一天学到的技术向我们汇报，我们用了近一个月的时间学会了整个旗袍工艺流程，盘扣制作，包边工艺，手工翘边，归拔熨烫……后来老婆又亲自去重庆学习绣花技术，去北京学习设计和立体裁剪。就这样几个月的摸索，我们雀之恋旗袍天猫店终于上线了，那时候天猫女装95%价格定位都在200元以内，旗袍主要以舞台装和演出服为主，价格更便宜，我们设计的第一件旗袍100%桑蚕丝，价格定位398元，就这样我们通过半年的努力，把雀之恋旗袍做到天猫旗袍类目第一，月销售额超过100万元，客单价450元，再一次创造天猫旗袍的神话。

2013年，我在全球十大网商QQ群里得知，马云要参加CCTV2《对话》节目录制，我们十大网商可以去现场和马总对话，只有五个名额，我第一个报名，晚上9点带着我的旗袍赶了12个小时的火车到北京中央电视台，参加了《对话》节目，节目中我问马总："马总，阿里一直说打造生态圈，那么阿里生态圈有没有关注到草根创业夫妻创业矛盾的解决，家庭和事业如何平衡？"

马云问："崔万志，你遇到了什么矛盾？"

我说："我现在遇到的最大的问题就是我和我爱人的矛盾，我们是通过相互折磨走到现在的，我觉得一个成功的男人背后一定有一个折磨他的女人。"

马云和主持人陈伟鸿以及所有的观众都哈哈大笑起来，然后马云平静地说："就是这种折磨，让你从两个人变成现在的两百人，马云也是个草根，从两万元起家创立阿里巴巴，现在公司有两百人了，可以考虑让太太回家了，回家不能让她闲着，要让她更忙，这样，她就没有时间管你了……"

主持人陈伟鸿问："马总给的神丹妙计，回家一定要翻译给太太听……

崔万志，开网店赚钱了吗？赚了多少钱？”

我愣了一下，然后开玩笑地说：“按马总的说法，在淘宝上，一般赚钱的都不说。”

又是一阵哈哈大笑，然后陈伟鸿又问：“听说你要送一件礼物给马总，什么礼物？”

我说：“一件旗袍。”

陈伟鸿：“送旗袍给马总？”

我说：“送给马总的太太！”

马云又一次裂开嘴巴笑了起来：“漂亮，搞定董事长，就搞定了总经理。”

《对话》结束后，所有观众都想和马云合影，马云特意拉着我的太太和我，以及主持人陈伟鸿，拿着旗袍礼盒合影，并竖起大拇指，给我老婆一个大大的赞。

对话结束，已是晚上 11 点，我们出来，在中央电视台楼下，看着中央电视台彤黄的五个大字，马路霓虹灯下来往的车辆，远方皎洁的月光，我和老婆手拉着手，憧憬着我们的未来……

那夜，老婆睡得很香，我却彻夜无眠……

我不知道，在创业的路上，有多少这样的无眠之夜，无论是喜还是悲，我的内心从来没有想过放弃：我睡过大街，但没有放弃；我逃过债，但没有放弃；我哭过，但没有放弃；我用头撞过墙，但没有放弃……

也许马云说得很对，就是因为折磨，我才有今天，走到今天，虽然没有和马云见过几次面，也没有能说上几句话，但是在我心目中，马云就是我创业路上的人生导师，我每次遇到挫折的时候，总是寻找马云的演讲反复地看，反复地听，心中自然会升起力量，我深深地知道，创业路上无路可退，只能全力以赴、无怨无悔。

后来雀之恋旗袍慢慢做起来了，再后来蝶恋也彻底转型做旗袍，一个品牌定位改良生活旗袍，一个品牌定位高端传统旗袍，当然这里面有太多的辛酸和泪水，我就不一一叙述了，再后来，因为我的人生经历和我口齿不清却对答如流的口才，被各类媒体报道，我莫名其妙成了公众人物，各大卫视、中央电视台各个频道相继专访，各种奖项接踵而至，不知道为什么我成了创业榜样、道德模范、中国好人和诚信之星。

后来，特别是上了《超级演说家》之后，我的演讲视频在各大网站上转载，我的演讲《不抱怨，靠自己》简单统计一下，至少超过了 20 亿人次的点击量,特别是抖音短视频出来,更是被疯狂传播……我也成了抖音达人。

我觉得我个人的名气远远大于我旗袍的名气，经过深思熟虑，最后决定，直接以“崔万志旗袍”品牌对外传播，蝶恋和雀之恋成为崔万志旗袍旗下子品牌，双品牌对外输出，2018 年“蝶恋（崔万志旗袍）”被合肥市政府评为庐阳老字号品牌。

目前我们崔万志旗袍馆在全国有 20 多家连锁店，加上天猫、唯品会、抖音直播等平台，多渠道经营，我希望每一位中国女性都能拥有一件旗袍，我一直奔赴在这条路上。

我在想，创业人，是不是一直都是如此，一路披荆斩棘才能杀出一条血路来。我不知道大家怎么样，反正我是如此，早已做好了随时死在创业路上的心理准备。

有一条路叫——向死而生。

第九章

财富

人的一生
最富有的
莫过于拥有多少爱
要么有爱的人
要么有爱的事
而且你愿意
心甘情愿地
为此付出一切
事业、爱情
都是如此

01 独家秘籍——创业者必修课

作为一个创业人，你是否时刻在修炼这四大功力，我认为非常重要，这四大功力决定了你的成败和能够走多远，你若天赋不够，更要后天修炼，二者都不可缺少，再加上一定的运气。一个成功人士，我认为 30% 的天赋 +50% 的努力 +20% 的运气。

第一大功力：热爱。热爱是你能够全力以赴地努力、持之以恒地坚持的核心原动力；热爱即对事物的兴趣和爱好，又是对生活的乐观和信心。

热爱包含三层含义：

一、你要时刻保持着热情和激情。一旦谈到你感兴趣的话题或者你正在做的事情时，你立马就像打了鸡血一样。一跟你说你的梦想，你就激动，而且容易自嗨，容易自己折磨自己，晚上睡不着觉，第二天早上依然精神抖擞，我二十年如一日都是如此。

二、对某件事物充满无穷的兴趣和爱好。你好这口，这个特别重要！一个设计师就喜欢做设计，一个推销员特别喜欢干推销，一个演讲人就喜欢上台演讲……我随时随地在任何地方都会注意到穿旗袍的美女，看见穿旗袍的美女，我眼里发光，如果你有兴趣听我说旗袍，我可以和你说一晚上，从旗袍的工艺讲到旗袍的文化历史。

三、热爱是一种能力。既然是一种能力，就可以通过刻意练习来提高爱的能力，如何刻意练习呢？你要从专注力、学习力、目标达成和使命召唤四个方面下功夫。

首先，专注力练习主要是训练自己在同一时间做一件事，而且极其专注和认真，排除干扰和诱惑。当然这和性格有关，红色性格容易分散注意力，怎么办？我们尽量让干扰我们的人或事远离我们，我们无法做到坐怀不乱，我们就不要让美女出现在我面前。另外最好能够找一个监督你的人或事，做不到自律，可以主动要求他律。

其次，学习力培养，成人的自我学习是非常重要的，学习不仅仅是看书，更多的学习是提高自己的认知和解决问题的能力，带着问题去学习，效率是最高的，而且能够在学习中有一种打通任督二脉的感觉，这种感觉让你很爽。

目标达成，要为自己的努力制定小目标，所谓小目标就是自己通过一定的努力和时间可以完成的目标，切勿把目标定得太大，时间拉得太长，否则会让你自我怀疑和自我否定，最终导致自暴自弃。我的一位学生，信誓旦旦从山西跑来合肥向我学习直播，我问她有没有什么目标，她说今年必须赚100万元！我问为什么，她说家里太需要钱了。我问：“你之前赚过100万吗？一年里最多赚过多少钱？”她说之前没有超过15万元。我说：“那你今年目标定20万吧，跟着我好好地一步一步踏踏实实地干，应该差不多。”结果，没有到两个月，她就离开了，一切在我意料之中。

使命召唤，就是你一定要找到你做这个事情的意义，价值所在，也就是我后面讲到的利他性，但是又有一定的差别，就是这个事为什么是你做，而不是别人，你有着肩负重任的使命，而且这个使命很具象，比如我去参加《超级演说家》，我的内心有一个使命是我要把我的故事说出来，去激励更多的人，我要告诉世人，做事做人的态度。因为内心有这个使命，我才能克服自身的语言障碍和肢体障碍，绽放舞台，从而才有了《不抱怨，靠自己》这个直入人心的演讲。

第二大功力：知己，即认识自己，在性格色彩学里，叫洞见自己。你想做自己，你必须认识自己；你想掌握自己的命运，你必须认识自己；你想好好爱一个人，你必须认识自己；你想成就一番事业，你必须认识自己……无论是谁，都有自己的优点，也有自己的缺点，人无完人，哪怕圣人！其实我并不相信这个世界上有圣人，圣人都死去几百年或几千年了，大家给予了他们幻想和光环。我还没有死呢，很多粉丝甚至当我如神一般的存在，他们想不通我会放屁，睡觉打呼噜，天天喊减肥又不断吃红烧肉，他们不知道我天天和老婆吵架，做事情经常问题百出，他们不知道我不懂拒绝，唯唯诺诺，做事虎头蛇尾，朝令夕改……其实马云、董明珠、乐嘉、郑智化……我认识很多明星朋友，他们都一样，每个人都有缺点。一个成功的人不是因为没有缺点，而是因为他能很好地了解和掌控自己的优点和缺点，因为人往往成功做好一件事，都是将他的优点发挥到极致，激发了他的潜能，把他推向成功。如果你不了解你自己的优势在哪里，你就不可能找到你自己的潜能闸门，你的潜能就无法释放出来，把你推向成功的大门。相反，一个人倒霉，往往都是自身的缺点和问题导致的，如果你不能掌握自己的缺点和短板，有效地控制自己的缺点，你一定会栽跟头，不断地栽跟头，这是你的命脉。

知己，就是了解自己的性格，以及天性里面自带的优点和缺点，有效地拓展自身的优点，控制自己的缺点，并深知自己现在的问题，一部分来自娘胎，一部分来自原生家庭和社会环境，能改则改，无法改就接纳。

在知己层面上，我给大家三条建议：一是做自己熟悉领域的事；二是做自己擅长并喜欢的事；三是用自己擅长的方式做。

第三大功力：利他，站在社会学的角度看，创业就是为社会创造价值，前面说的使命的召唤，就是我能为他人做点什么？可能一开始，你就是为了赚钱，这没有错，用你创造的价值去换取一定的回报，无可非议，所有企业家，所有创业者，所有商人，我们都应该赚钱，不赚钱，不道德。但是在赚钱的背后，你的骨子里必须带着利他之心，我做的这一番事情，能帮助到多少人？我的产品别人用了是不是真的有好处，这也是马斯诺说的自我价值的实现。有很多人问我，崔老师，你都这么有钱了，你干吗还要这么拼？卖旗袍，做演讲，还写书，为啥？是不是要给子孙留更多的财富？

我很喜欢林则徐说的一句话：子孙若如我，留钱做什么，贤而多财，则损其志；子孙不如我，留钱做什么，愚而多财，益增其过。

第四大功力：顺势而为，作为一个创业者，我们所做的一切东西，包括产品、服务、团队管理、商业模式、我们的行为模式、心智模式都应该遵循当下的趋势和规律，按照老子的说法就是道法自然。规律有三种：人性、社会、自然。人性因欲望和思维驱使，虽然错综复杂，但是有规律可循，性格色彩就是一个很好的探索人性的工具。社会因科技和道德驱使，不断变化、迭代，我们必须用发展的眼光看待当下的问题。自然因宇宙和地球运转驱使，人面对大自然非常渺小，微不足道，所以我们只能遵循，不能破坏，否则就会受到惩罚。

站在自然的角度，第一，我们不能破坏自然，要遵循自然，符合自然生态系统；第二，我们不能给地球增加负担。比如：不要过度开发，不要过度捕杀野生动物，产品不要过度包装，食品安全卫生第一，等等。

站在社会的角度，我们创业者一定要抓住商业的驱使，很好地利用科技带来的成果，比如我们现在搞抖音直播，你不能因为抖音直播把实体店和传统电商干翻了，你恨之入骨，你就不去做抖音，我不相信你把抖音卸载掉，你就会变得更好。现在大人小孩都用智能手机，游戏世界，精彩无限，我不相信你不让孩子碰手机，你的孩子眼睛就不会近视，你孩子学习就会提高。我认为现在的孩子比我们小时候聪明多了，动不动全班都是 90 分以上，我们小时候没有手机，没有电视，只会学习，也很难考到 90 分。

站在人性的角度，我们遇到问题，只有反观自己，才有可能改变，因为你改变不了任何人，包括你的父母和孩子，凡是希望改变他人的，最后都会遍体鳞伤，不是你伤，就是我亡，一定不会共同成长。刚刚得知，比尔·盖茨离婚了，原因就是不能共同成长！背后一定是血雨腥风，只是我们不知道罢了。我们要有通过改变自己来影响他人，你变了，这个世界就变了。顺应人性，顺应人心，学会接纳和包容身边的人，接纳差异，包容不同，不再与自己对抗，不再与身边的人对抗，不再与你的孩子和伴侣对抗，而你能坦然做到这些，才是真正的顺势而为。

02 演讲秘籍——演说家必修课

2015年初，我主动报名参加超级演说家，当时参加超级演说家有两个重要的原因：一是我口齿不清，语言有障碍，不敢在众人面前发言，上台高度紧张，我需要挑战自己、突破内心的恐惧；二是在我十几年的婚姻生活里，我和我太太彼此相爱，却很难相处，我们吵架次数比做爱次数多得多，我们甚至闹到离婚的地步。我需要有一位导师为我指点迷津，在我心目中，他，就是乐嘉。

于是，我报名参加了超级演说家。

我想和大家说一说，我当时参加超级演说家的一些内幕，以及乐师父对我的训练细节，和这一年多时间以来我的收获和改变。

与其说他教我们演讲，不如说点亮了我们心里的灯。

乐师父对我们6个人进行了两天一夜的内训，“凤凰涅槃，浴火重生”。我之前参加过很多培训，听过很多课，自己也做过电商培训，但没有一次像这次这样，让我终生难忘。乐师父的培训和普通的培训不一样，没有课件，没有主题，他针对我们每一个人的演讲中遇到的实际问题，一对一有针对性地进行指导。这才称得上师父。

我选你，只有一个原因，因为你讲得好

我喜欢乐嘉，我觉得自己有很多和他相近的地方，第一，我们都是男人；第二，我们都是有性情的男人；第三，我们都是理性的性情中的男人。《超级演说家》让我感受到了语言的力量，这里有故事、有感动，更有思考，但是很少有选手像我这样有一定的语言障碍，虽然我的内心一样火热。

来《超级演说家》之前，自己身上也被打了许多“标签”：网商代表、旗袍先生、励志、身残志坚、创业传奇、有故事的人。其实这些标签是大家心目中的我，我自己没有喜欢，也没有讨厌。我想，不管你们眼里我是什么样子的，只要能带给你们一些东西，感触也好，正能量也好，学习榜样也好，我想我愿意站出来说话，按乐师父的话说：写的是我，说的是你。也会有人说：你在晒可怜，为的是博得更多人的同情，我在想，让人们有同情之心，难道不是好事吗？走在路上，有的老人看到我会起怜悯之心：“你看这孩子，多可怜啊。”小时候听到这样的话，心里特别抵触、反感，而且脸红到脖子。现在听到这样的话，心里却总是温暖的。也有陌生人会扶我过马路，如果有美女扶我过马路，我心里还特别高兴，不会有尴尬，

会想生活如此美好。

我演讲的主题是《我为网商代言》，讲述了自己从卖出一个QQ号开始，从成功到失败，再到转型做雀之恋旗袍的心路历程。我上台后一开始非常紧张，但正式演讲时，就忘我地投入了。我根本不知道谁为我推灯了，演讲结束了才知道，四位导师都推了。我没有想到演讲会同时打动四位导师，会赢得那么多掌声，那一刻，我感觉到，这个舞台是属于我的，我是今晚的主角。现在回想起来，我已经记不清导师们对我说过什么，怎么点评我了，但我永远记得乐师父说的话："万志，我选你，只有一个原因，因为你讲得好。"

我选择了乐嘉，只有我自己知道为什么。其实也不为什么，这是命里带来的。节目录制结束，乐师父叫我到他的房间，第一次这样亲密的接触，心情和上台一样的紧张和激动。乐师父把我紧紧抱在怀里，我能感觉到他身上的气场穿透着我的全身，他向我交代了下一次演讲的几点注意事项，我一直担心说话慢口齿不清的缺点，乐师父反而觉得这是我的优点，说我说话有穿透力。他让我准备两三篇下一期要说的话题，把大纲写出来给他。我的信心立即倍增，因为这是我想要的。

回到自己的房间，已经深夜12点多了，躺在床上，我在想：我长这么大，有爸爸妈妈，兄弟姐妹，朋友同事，老师同学，就是没有师父，乐嘉是我第一位师父。

有句古话：一日为师，终身为父。

跟着乐老师学习，我才明白演讲是什么，一次十分钟的演讲，我前前后后准备了十天，以前我也做过很多次创业分享，也有千人以上的会场，但从来没有这么紧张和投入过。以前做过最短的演讲是 TED 演讲，是 18 分钟。这次是 8 分钟，8 分钟要把一件事，一个观点，或者经历故事说清楚，而且我说话那么慢，是前所未有的挑战，所以我不想有半句废话，而且要让每个字都有发自内心的力量。以前的分享我都是有 PPT 的（包括 TED），PPT 有大纲，不怕跑题，也不担心忘词，但从来没有写过演讲稿，这是第一次。这对我来说问题大了，一是时间把控问题，我从来没有在 8 分钟内把一次演讲完成，再有就是我一背诵稿子，就会受稿子控制，我无法精准使用语气、情绪，无法进入状态，我在房间测试了几次都不可以，我演讲的时候老想着台词。越想越忘，我真害怕在台上会忘词，然后头脑一片空白。最后我把稿子扔掉了，只记大纲和关键的几句话，特别是点题的话，我想就把它当作 TED 演讲，没有 PPT 的 TED 演讲，时间缩短一半的 TED 演讲。前一天晚上彩排，我就这样，结果很好，终于把困惑解决了。

再大的困难，再大的障碍，如果换一种思维去看待、去解决，可能在我们面前的就不是障碍了。我克服了担心几天的障碍。这次演讲收获最大的就是终于可以如愿以偿地选择乐嘉导师，这是参加“超演”的梦想。

有时候，我们一直认为是我们的缺点和障碍影响了自己，如果我们接纳自己，善于和自己的缺点相处，有可能劣势会成为我们的优势。比如我口齿不清，语速很慢，要我在短时间完成演讲，我就不能用长句，不能有一句废话，这样反而显得我的语言铿锵有力，具有强大的爆发力。

很多人和我一样，上台紧张，紧张到影响肢体动作，比如脸红脖子粗、四肢痉挛、两腿发抖、喉咙阻塞。我也一样，但如果我们能把我们内心最真实的声音发出来，用心来演讲，你是什么样子，你就接纳你自己，不要和自己对抗，把真实的自己展示出来，也许这些紧张会更好地调动你的情感，辅助你的演讲，让你更加真实地表达你自己。

我紧张，我的情感会更加充沛，内在的力量会迸发出来。

这样的师父，我想今生再也难遇到

准备下一阶段《超级演说家》的稿子时，我心里有太多想说的。也有太多的思考，太多的人生经历和感情表达，但是又不知道从何说起，谈创业、谈梦想、谈经历、谈爱情、谈亲情、谈感恩、谈抱怨，还是谈失败呢？

乐师父是个性情中人，对我们的培训全力以赴，到了忘我的境界，培训过程充满了激情。我们讲得好的时候，他会跳、会蹦、会手舞足蹈、会趴到地上、会跪下来、会拥抱我们、会亲吻我们。乐师父激动时，我可以听到他“咕咚咕咚”的心跳，甚至可以感受到他急促的呼吸，这样的老师，我想我今生再也难遇到。其实，我很早以前就关注过乐师父的性格色彩，一直想学这方面的东西，自己对心理学和性格也非常感兴趣，本来想着这两天也可以学到一点色彩性格方面的东西，可惜的是没有学到，知道乐师父有这样的相关的培训，我和乐师父说，下次开班时我一定要过去学。

他说：化解仇恨的唯一办法就是包容接纳

在乐老师给我们的培训中，我一共做了三次演讲，第一次是关于为什么来《超演》，属于即兴发挥，都不记得我说什么了，但我记得乐师父说了一句："无懈可击。"我不知道自己讲得好不好，每次演讲都会这样，上台前紧张，甚至不知道自己要讲什么，头脑会出现空白，上台 2 分钟后才进入到自己的演讲情境里。

第二次演讲是马上要参加《超演》的稿子"抱怨"（我准备了两个稿子，一个是谈抱怨，一个是谈梦想，梦想的话题无法深入去谈，被乐师父 pass 掉了），讲完后，乐师父说打 70 分，并点出了几个方面的问题，他问我："万志，你抱怨过吗？"我当然抱怨过，我不是圣人，乐师父说，不能只说不抱怨，如何从抱怨到不抱怨的心路历程，会更好地让人折服。另外希望我再加两个故事，并且要有对比，就是抱怨会怎么样，不抱怨会怎么样。还有几点在演讲时注意的技巧，乐师父点评得非常到位，比如停顿，话题转换时，眼光和肢体语言可以转换角度。

晚上回到宾馆，已经快零点了，我安静地思考着我的稿子，此时没有一点疲惫，头脑处于异常清醒状态。第二天，再次演讲修改过的稿子，这次演讲，好像动了元气，因为我强忍住了，没有让泪水掉下来。后来在超演舞台上的演讲，乐师父说没有在培训时候的演讲好，乐师父给我打了 90 分，然后给我做了很多细节上的指导，比如在感情把控上，要知道哪些是一般语气，哪些需要全部投入，直至穿透人心。出生的故事，以及上小学走路的事，要收着点，不能说得太爆发，爆发点要放在高中被拒绝，以及在人才市场找工作时，另外建议我要说在开书店、商店、网吧以及后来开网店等事情中，遇到了哪些困难而不抱怨。

我按乐师父的要求再次做了修改，修改后我觉得很好。还有关于我父亲对我说话的语气一定不能用仇恨的腔调。乐师父说："化解仇恨的唯一办法就是包容接纳。”这句话，我会记在心里一辈子。培训结束了，乐师父请我们喝酒。我们吃烤鱼，喝啤酒、二锅头，这一切好像就是昨天的事。乐师父说：“什么叫演讲？就是你同时给三个以上的人讲就叫演讲。”

每个人其实都是一个世界，在这个世界里，自己是主角。

感谢乐师父，让我找到了更好的自己。感谢自己，遇见即改变；感谢自己这两天的变化。我需要用灵魂来演讲，如果说乐师父教我们如何演讲，不如说他其实点亮了我们心里的灯，发现我们最真实的自己。

演讲需要做到“收”和“放”，当我进入演讲状态时，我发现自己最难把握的就是“收”，而不是“放”。乐师父教我要在开始的时候做到“有控制”。有两点我觉得非常重要：一是情绪的控制，一是行为的控制。比如我一开始说自己出生和上小学的故事就应该控制好，集中爆发在高中被拒绝和找工作上面。而讲我上高中被拒绝那段前，可以先停顿一下，转移一下视线。这些很小的细节都是乐老师教给我的。

另外，乐师父说演讲要具象，要有画面感，对我感触也非常大，比如一开始，我写的稿子是“父亲对我说”，后来修改为“父亲用双手捧着我的脸对我说。”一下子画面感就出来了。

演讲和分享有个区别是，分享不会在意语句的长短，把观点或事情表达清楚就好了。这次演讲训练，我注重了用短句和排比，短句很适合我，哪怕两个字两个字递进，非常适合我的口气。比如，一般人可以说：世界充满了痛苦、充满了阴霾、充满了黑暗。没有多大问题，还可以更好地表达感情。但对我就不太合适。在乐师父的指导下，此句修改成了世界充满了痛苦、阴霾和黑暗，世界充满了阳光、希望和爱。这些细节，让我找到了更适合自己的演讲方式。

还有一点就是对比，这个是我之前没有注意到的地方，乐师父让我加入对比。比如，当时的我是抱怨的，而父亲没有抱怨，父亲用宽容的心态融化了我的抱怨，这更接近于真实。每次乐师父给我点出一点，我就自己慢慢地去领会，而这一点，却让我豁然开朗。

他转身离开的一刹那，我的脑海里出现了两个字：男人！

4 月 4 日，我带着父亲、妻儿还有我的二姐一起去了北京。他们都很开心，平时工作忙，也难得带他们出来玩玩。5 号中午见到了乐师父，乐师父在房间里再一次给我们指导，乐师父让孟欣、宏男、曾侃用六成功力再演讲了一次，曾侃关于足球的稿子讲得很好。乐师父很兴奋，他兴奋的时候像个孩子，然后跟我们强调：你们每个人都要把这次演讲作为最后一次，全力以赴。

无论是做内训还是舞台上的导师，我很清楚地知道，乐师父无比热爱自己的事业，哪怕再辛苦、再折腾、再得罪人，乐师父从来没有放弃自我，没有放弃我们每个人。这就是乐嘉，真的本色乐嘉。

我准备好了一切，站在了大屏后面等待上台，心情无比紧张。突然乐师父出现在我的身边，手里拿了两罐啤酒，我从他的眼睛里看出来，他情绪很激动。我猛地喝了几口，乐师父把我的啤酒拿了过去也猛喝了几口，拍了几下我的肩："万志，你什么都别想，就想着你父亲。"

那个时候，在乐师父转身离开的一刹那，我的脑海里出现了两个字：

男人！什么是男人，男人就是父亲，男人就是儿子，男人就是兄弟，今天站在这个舞台上，我是男人。

我的好兄弟，乐嘉为我开讲。引我上台，我的父亲看我的演讲流泪，我的儿子觉得老爸了不起，我的妻子今天很漂亮。

我已经不记得我是怎么演讲的了，舞台上的时候，只想着我的父亲，演讲完三位导师都站起来为我鼓掌，我感谢所有的观众和导师。

很幸运，我做到了最后，晋级了四强赛，乐师父给我们六个人都送了礼物，为庆瑶亲手穿上水晶鞋，送给孟欣大白，送给我《独嘉秘籍》的初稿，助我实现写书的梦想。我们一起到乐师父房间，一起喝酒吃羊肉串、聊天，我们是一家人，大家都很开心，乐师父告诉我们为什么会和文涛老师发生了冲突，其实是胡白的演讲内容和形式事先没有和乐师父沟通导致出现了很大的问题，但乐师父在房间没有说一句胡白的不是。乐师父接下来会有很多麻烦，但他说他自己会处理好，叫我们不要担心，这就是我们的乐师父，有脾气、有骨气，更有胸怀。这几天收获最多的其实就是我们战队的感情，每个人都有自己的故事，每个人都有自己的世界，但我们彼此都在各自的世界里留下了足迹。

回头再看自己这两次的演讲，一开始我真没有想到我能进入全国四强，真的没有想到。说实话，这两次演讲，让我更加自信起来。以前每次上台说话，我都把左手插在口袋里面，因为紧张的时候，我控制不了自己的手。经过这两次演讲，我的手终于拿出来了。我发现了另一个自己，我喜欢这个自己，我不仅可以给女人们带来美丽的旗袍，还可以通过演讲给更多的人带来思考和感触，鼓励更多的人，同样也给我自己和我的事业带来更多的收获。这个世界是对等的，你所做的一切都会回到你的身上。

第一次演讲后，乐师父给我发了条微信：你会在演讲台上创造出网商一样的辉煌。

六字真言

自从进入全国四强以后，到决赛还有一个多月的时间，而在这一个多月的时间里我参加了乐嘉老师的《跟乐嘉学演讲》，在这个课程里我收获了很多很多。说实话，在认识乐嘉老师之前，我从来没有参加过演讲类的学习与培训，这次《跟乐嘉学演讲》还是第一次，也是非常珍贵的一次。这次课程给我最大的感受和收获有两点：第一，我知道很多演讲教学教的都是教如何站台，克服紧张情绪，肢体动作，语速语调等一些方法和技巧。但乐师父教的并不是这些，他更重要的在于演讲内容本身，以及人自身的因素。比如如何利用对比、具象，如何接力，如何将痛苦放大等。在乐师父的眼里，这些其实也属于一些技巧和方法。第二，让我感触最深的就是六字真言，如何挖掘自己内心最真实的东西，如何把"骨架""肉"组织在一起后再呈现出来，这个六字真言对我的感触非常非常的大。

因为有了六字真言，才有后面的两篇演讲稿《爱是什么》和《给孩子的三个锦囊》。

爱是什么

当我之前讲完《不抱怨，靠自己》的时候，我进入了全国决赛。后面还有两篇演讲，我真的不知道讲什么好了，我觉得我的精华部分已经讲完了，我该怎么讲呢？还讲自己的经历和创业故事吗？我真的没有什么可以再讲。如果讲一些心灵鸡汤的东西，我觉得这个也没办法打动到人，我该如何去讲呢。

头两篇演讲《我为网商代言》和《不抱怨，靠自己》都没有讲到我结婚后的感受和心路历程，我觉得婚姻问题一方面是比较隐私的问题。第二方面我觉得也没什么好讲的，毕竟家家都有本难念的经，我当时真的这么想，但当我真正学到必须挖掘自己内心的时候，我还是有触动的。

在我结婚这 13 年来，我和我爱人相处的一幕幕呈现在我的眼前，因为我们彼此是相爱的，结果因为我们不懂得如何去爱，所以我们之间有很多很多的矛盾，而这些矛盾其实我内心是不愿意透露给别人的。但是当我到了《跟乐嘉学演讲》这个课程以后，看到所有的人都在挖掘自己内心深处最痛的那个点的时候，我也想讲我和我爱人的故事……

于是就有了第三篇演讲《爱是什么》，我再一次站上《超级演说家》的舞台。

第三篇演讲《爱是什么》当时观众的投票还是比较好的，我自己还是比较满意的，但是乐师父说我的发挥还是没到位。

因为决赛的时候增加了媒体评审团的投票，30 家媒体每个人投票算两分，结果非常意外的是我在媒体投票的环节得分比较低，不知道为什么会那么的低，后来乐师父觉得这是有问题的，当时觉得不公平。

就是这篇演讲，我和乐嘉老师结下了一世情缘，从此，他不仅是我老师，更是我一辈子的兄弟。

那天比赛很晚结束，我到房间已经凌晨1点了，回到房间，洗一洗躺下，大概半个小时，手机里就弹出了头条新闻，标题是：乐嘉撒酒疯，粗口骂人……第二天几乎所有的头条新闻媒体、微信、微博都在疯传那天晚上现场截取和拼凑的视频，于是我也在微博里发了一段文字：昨晚看到很多网友在说乐师父撒酒疯，甚至说他是炒作自己，我感到很诧异，也很震惊，无比痛心，知道师父为了我，自己承受了巨大的压力和委屈，我想我再也不能沉默下去。

熟悉乐师父的人都知道，演讲是他所热爱，并用毕生精力投入的。他对我们涅槃战队每个人都是爱护有加，我的每次演讲都是他手把手教，逐字启迪，对我的比赛，他在幕后比我付出的要更多。我心里知道，他一直希望他能实现对我在海选时做的那个男人的承诺。

乐师父认为演讲的好坏主要是看最终能打动多少人，影响有多远，不希望我在演说家舞台上只是赢得同情分，而是靠真正的实力演讲。我想他是一直担心残疾人在这个舞台上会吃亏，他真的希望我能走到最后，可我能走到今天，其实已经很满意了。

昨天的第一篇演讲，我的状态不是很好。最后一场开讲前，乐老师为了让我彻底放下包袱，激发我的斗志和潜力，不惜以酒壮行，他让我喝下小半杯酒，对我说：万志，我希望你全身心投入这次演讲，忘记成绩，把“做一个好人比做一个成功的人要重要得多”这句话传递给所有的人，让你的儿子将来为有你这样的父亲而骄傲，这比输赢本身重要一百倍。他完全是为了能通过这种方式激发出我的潜能，让我能在决赛中发挥更出色。乐师父在鼓励我和为我拉票时，说话的情绪上未免有些激动，我们跟他学习过的人都很明白，我感激他对我的一片苦心，但这可能让一些不熟悉的朋友误会或不高兴，还请大家理解。

感谢乐嘉老师对我这几个月的精心辅导、陪伴和鼓励，遇见乐师父，是我一生的福报。

做一个好人比做一个成功的人重要得多

最后决赛的一篇演讲是我喝了一两酒以后讲的，我这个人其实不善于喝酒，喝了一两酒后我头都发晕了，脸也发红了。在这样的状态下，我发表了最后一篇演讲《给孩子的三个锦囊》。

当时我的儿子也在现场，其实我想说的话，是发自内心地对我的孩子要说的。当时整个演讲我没有怎么看观众，我就是盯着我孩子的眼睛，选择谦让、选择相信、懂得付出。这三个锦囊，我希望我的孩子一辈子都会记住。我认为，他会让你从骨子里面成为一个真正对社会有价值的人，只有在这过程中，你才会得到真正的快乐，这就是源于热爱，热爱的力量是无穷的。

这是我的最后一篇演讲，由于乐师父的激发，我全身心忘我地呐喊着：做一个好人，比做一个成功的人重要得多。

演讲结束以后是观众投票和媒体投票环节，观众投票环节我的得分还是遥遥领先，最终因为媒体投票得分比较低，我与《超级演说家》的冠军失之交臂，我得了亚军。

但从内心深处来说，不管是冠军还是亚军，已经不再重要，我发现我的演讲，可以让更多的人从自卑走向自信，让更多的人从痛苦走向快乐，我内心的快乐和满足是无法替代的。

《超级演说家》比赛就这样结束了，让我万万没有想到的是演讲给我带来这么大的影响和名声，我真的没想到，没想到我的演讲在网络上被点击了 20 亿次。

有很多人对我说，睡不着觉的时候就会看我的视频，事业遇到挫折的时候就会看我的视频，生活遇到麻烦时候会看我的视频，感情遇到波折的时候就会看我的视频，然后就会慢慢走出人生的低谷。每次听到这样的话，我内心认为我特别有价值，然后我就觉得演讲就像我做旗袍、做网商一样，对于我的生命来说至关重要。

我越来越热爱演讲，而领我上路的人，就是乐师父。

演讲带给我的收获

《超级演说家》结束大概过了六年的时间，在这六年多的时间里我每年差不多都能有几百场的演讲，我发现我的生活竟然发生了如此大的变化，我一个月大约有二十天时间在外面演讲。

有时候一些网友问我：你现在主业是演讲了吗？你的旗袍事业都不干了吗？你现在在外面是不是在忽悠啊？

如果是以前，当我面临这些质疑的时候，我会非常难过，非常慌张。我总想说服他，其实演讲是非常有价值的。但我现在感受完全不一样了，当我更加深入地学习性格色彩以后，我的内心越来越强大。我发自内心地认为我做的事情是有价值的，而这种价值会让我更加的强大和带来更多的快乐。当面对质疑的时候，我只是嫣然一笑，你不懂我，我不怪你，因为我知道，我们的内心是什么样子，这个世界就是什么样子。

在这几年的时间里，我现在回忆一下，每年我做过大概上百场演讲，观众最多的一次是在五万人的体育馆，当站到 5 万人的一个舞台的时候，我的毛孔里面都是特别兴奋的，特别希望把自己的那种能量传递给大家。我记得 2016 年 10 月份，在世界众筹大会上，4 天时间，我做了 10 场演讲和路演，每一场演讲听众都聚精会神地听着，或者好奇。我记得世界众筹大会的主席这样评价我说："崔万志的路演到目前为止无人超越，他 7 分钟的演讲字字触动人心，没有半个字的废话。"

后来我也去了哈佛大学做专场演讲，大概来了 200 多位老外来听我的演讲。当时很惭愧，因为我自己不懂英文，所以我不知道他们能不能听懂，但是我感觉到他们全神贯注地在听我的演讲，讲完以后他们非常好地与我互动，然后拥抱我，说我讲得很好。

他们到底有没有听明白，也许在那个时候并不重要。但是那时候他们感觉到你的气场，你的那种氛围，以及他们感受到的正能量，我忽然觉得演讲的语言是世界通用语。

在商业演讲上，如果从招商的角度，一场千人大会，一个小时拿下 1000 万业绩，司空见惯，但是现在我已经很少参加类似销讲的活动，因为主办方后备力量不足，做不好产品和服务的比比皆是。

演讲的的确确给我带来了很大的商业价值，包括对我们旗袍的推广，宣传，招商，以及我个人的出场费等，让我收获最大的是在中央电视台《创业英雄汇》上，我用十分钟的演讲，打动了 20 位投资人，现场获得意向投资 3900 万人民币，创下节目开播以来最高纪录。

自从参加《超级演说家》之后到现在六年多的时间，我几乎上了全国一半以上的卫视，包括央视一套、二套、三套、七套、十套等，还得到了各大知名节目的专访，也获得了很多奖：诚信之星、道德模范、中国好人、cctv 创业榜样等。如果我不发声，也许一辈子都没有人知道我，“不抱怨，靠自己”就不会在更多的人心里生根发芽。

受乐嘉老师的影响，我不仅学会了演讲，而且越来越喜欢性格色彩这个工具，而且我觉得我可以通过演讲让性格色彩影响更多的人，让自己成为一个真正的送奶工。每次当我送出去多少奶的时候，我觉得我收获也是一样，所以当我送出去的越多，我收获得也越多。

发自内心的热爱是做好一件事的唯一原动力

我记得有一次，也就是今年年初的时候，因为中央电视台《了不起的挑战》的节目，乐嘉老师受伤了，他在合肥汤池疗养期间，把我们几个核心的演讲师叫到身边，对我们再一次做内训，这次内训我清晰地记着一句话，这句话触动着我的内心。他说：“你们知道我为什么叫你们来吗，我这次受伤以后我担心，哪一天我不在了，我希望性格色彩还在。”这一句话非常触动我，他跟着说一句“如果有一天我死在演讲的舞台上，我觉得我是多么的光荣和骄傲”。当他讲出这句话的时候，我突然毛骨悚然，我觉得乐师父那种对事业的热爱，已经超越了所有的东西。

无论是梦想、创业、生活还是追求，当你把你的生命跟你的追求绑在一起的时候，当你觉得你做的事对这个社会有价值的时候，不管你的梦想能不能实现，你都是快乐的，乐师父如此，我也一样，我相信你也是。

财富不是钱，财富是一个人的思想、经历、胸怀和爱。

第十章

家书

写信的时候
我的心里
只能装下
你一个人

1996年，父亲送我去新疆读大学，我们从南京出发，坐K54次列车，三天两夜，到乌鲁木齐，再坐四个小时大巴，到石河子。父亲带着做木工活的基本工具，锯子、刨子、墨斗什么的，准备一边陪我读书，一边做点木工活。父亲在学校待了五天，住在我们宿舍里，和我睡一张一米宽的床。

第六天早上，我和父亲去食堂打饭，两碗玉米糊糊，三张饼子，两个馍馍。父亲饭量大，要吃两张摊饼，一个馍馍，一碗糊糊。父亲捧着热腾腾的糊糊，吹了几口热气，顺着碗吸了几口，然后把饼子对半折着，咬了一大口，说："怪不得新疆人高马大的，吃这些东西养人。"

我低头，喝了一口糊糊，低声说："爸，你都来好几天了，学校环境好，吃得也好，你回去吧。"

父亲注视着我，说："我不会一直住在你们宿舍，我准备今天就出去找活做。"

"不是，爸，你不需要在这里，同学、老师对我都挺好的，你在这没用。"

"不行！"父亲回答得很干脆。

"你要不回去，我就回去，我不读书了，好吧。"我急了。

"好，我回去。"爸转过身，嘴里还含着饼子，头也不回，就走了。

那时候，我心里在默念：“爸，您放心吧，儿子已经长大了，该自食其力了，您永远都是我深爱的爸爸……”看着父亲离开的背影，我忍不住泪流满面，我室友小李赶忙跟着我父亲，一直把我父亲送到车站，父亲就这样回家了。

那时候没有电话，没有互联网，我和家里人一直通过书信来往，写一封信回家，父亲再回一封信，大概一个月过去了，在这一个月里，每天都充满了期待。

前一段时间，回老家农村，从老家的衣柜里翻出了我上百封在大学写给家里的信，父亲竟然都保存着，我整理了一下，抽了几封保存相对完整，字迹还能认清的信分享给大家，内容基本上原貌呈现，可能有一些口头语土话等，也希望大家谅解，只是个别错别字、病句、方言等做了略微调整。

写信的感觉真的很好，可以专注地爱一个人，和现在的微信、短信聊天感觉完全不一样，你可以同时和很多人聊天，写信不能，我在给你写信，此时此刻，我的心里只容下你一个人。

信，是心与心的交流，用我的心触碰你的心。

我也以同样的方式，给我两个孩子写信，孩子看了我给他们写的信，竟然也会感动，也会潸然泪下。

在当下这个浮躁、焦虑的时代，我会坚持，每年给孩子写一封信，一直到离开这个世间。

01　情长纸短

爸妈哥姐：

你们好！

来信首先祝全家安康，万事如意！

不知上封信收到没有？家里一切都好吧？请你们不要担心，我一切顺利。

军训已经结束，现在正在放国庆节假，十月三日正式开始上课。这学期我们开了七门课，分别是英语、数学、政治、经济学、管理学原理、计算机应用、统计学原理。上课时间是10:00-14:00，下午是16:00-18:00，晚自习21:30-23:00，下午星期二、四、五，有课，其余没课。

爸妈，学校又让我们交了350元钱，其中包括书本费250元，班费50元，买算盘38元，所以那500元起作用了。我还买了一些东西，如剃须刀等。现在我的伙食基本正常，一天大约6块钱，早上一碗豆浆3角，两个馍6角，中午一碗米饭或两个馍一份菜（半份不卖）约3元，晚上约2元，所以共6元左右。

爸，我打算学中医，原来打算上医学院夜大，可班主任说要很多钱，而且一上就是三四年，再说医学院离我们学院有一里多路，晚上又不方便（夜大时间晚上20:30-23:30），所以他不让我上夜大，所以我准备自学考试，想报中医大专，不知家里的意思如何？如果能参加自学考试，很可能花费要大些（需要买很多书，报名费等）。爸，我们学院的“商业企业管理”虽然是门热门专业，但其中的珠算和计算机可能对我来说，困难很大（我手迟缓抖动），但我会尽力学好它们，所以请你们放心，我们发了三十多本书，其中英语就有20本，英语对我很重要，我一定会学好它。

爸妈，你们放心我的身体，我会多加注意自己的。昨天体检了，还打了防疫针，过几天还要做肝功能。噢！对了，达克宁霜我忘带了，不要紧，我在这儿已经买到了，和我们那儿的价格一样。

中秋节你们怎么过的，我想姐哥和爸妈你们一定很牵挂我，我们全班在一起共度的，在一起搞晚会，吃月饼、苹果、香梨、葡萄等，班主任对我很关心，军训的时候，他每天都来宿舍看我，还借书给我看。

爸妈，家里一定很忙，你们要多保重身体，不要让儿子放心不下。爸，我知道您的心整天放在我身上，爸爸，家里还有很多事要你操心，二姐那么大了，婚事还没订，您还拼命挣钱给我上学，特别是您做木工活时不能分心啊！爸爸，相信我吧，我会好好照顾自己的，请您放心吧。

妈，儿子好多话想对您讲，却又很难开口，在家中，不争气的儿子还经常伤您的心，有时还跟您顶嘴。这都是儿子的不对，请您原谅吧！妈妈，爸每天给人家做木工活，所以家里的活都在您的身上，看您脸上的皱纹，看您的头发，苍老多了，都是我们这些不争气的儿女让您操心，让您劳累的呀！

爸妈，写这封信的时候，儿子的泪水总是不断地往肚子里流，儿子有很多话想说，但又不愿说，总之，请你们放心我，好吗？

姐哥，家里的事请你们多操心点，有什么事，我相信你们会代做的，你们不要为我担心，我会好好学习的。佳宇很好吧！告诉他，我很想他，希望他越长越可爱！

这里的人对我很好，不管是老师还是班里人都很关心我，特别是山东的小李，我们已是好朋友，还有蒙古班的，他们特别喜欢我。

寄了一份新疆的报纸给你们看，上面有很多关于我们学校的情况。

纸短情长，就此搁笔吧！代向爷爷奶奶问好，祝他们身体健康！

祝全家一帆风顺！

叩首！

儿：万志

1996.9.30

02　一切靠自己

爸妈：

首先祝你们身体健康，万事顺心！爸，您的来信我是昨天才接到，原因是您的地址没写清楚，还是一位安徽老乡从收发室看到，才拿给我的，以后信寄到经贸学校 316 信箱即可，316 信箱是我们班的。

我一连寄了几封信，不知收到没有，写给家两封，给四叔一封，给二姐一封，别人说快信和平信的时间几乎一样。所以，没什么重要的事，就寄平信好了。

现在，我们已正式开始上课，上课的老师都还可以，几乎都是年轻教师。不知什么原因，计算机改成下学期学。现在学的是珠算，要求我们最少过四级考试，这对我是有困难的，但我尽力去学好它吧！我们的班主任不带我们课，教我们管理学的是位副教授，35 岁左右，非常有本事，上课也非常幽默，也是我们班主任的老师。三位女教师三位男教师，都在 24 岁到 35 岁左右。其他的课对我没什么困难的，特别是高等数学，对我似乎很轻松。

爸妈，现在的我一切都很正常，或许刚开始不适应的原因吧！前几天拉肚子，到医院开了些药，打了几天针，现在基本好了。我们又做了肝功能，我们宿舍没有肝炎病，今天下午我们都去打了乙肝防疫针，下个月再打三针后可以保十几年了，所以你们不要担心。

现在的我，已经比较适应这里的生活。自十月一日起，伙食涨价了，一碗米饭 1.2 元，一个馍 0.35 元。我现在主要和山东的小李一起吃饭，吃的主要是馍馍和面条，两个人在一起打一份菜。小李对我很好，吃饭的大部分都是他付钱，我付不上。他的父亲也是木工，工钱比我们那儿高了很多，我们每天都是一块儿上学，一块儿吃饭。

爸，那个特困生申请我已交给了班主任，是按您的意思写的。这一阵花钱有点多，冬天来了，我还要买一双皮棉鞋，因为下雪的时候穿布棉鞋是不可以的。这里的暖气到十一月份就开始开了，皮夹克我已穿在身上，很合适，不过，这里的杀价是按三分之一的，如 140 元，只需 50 元左右就能买来了。

大学的生活不像中学生活了，一切都靠自己了，老师不再管了，很多活动都需自己去打听，参加。有能力的学生都在竞选系里的、院里的、学校的各种学生会干部，靠演讲，靠自己推荐自己，学校的活动很多都是学生自己组织起来的。学校有很多报刊，今天下午我到《石河子大学》报刊编辑部去了，和那里的编辑谈了很长时间，算是自我推荐吧，她们都是作家，要我在十五号之前写几篇稿子给她们。如果可以，让我当《石河子大学》报刊记者，还有《知音报》《新疆农垦经济报》等都是石河子大学主编的，在大学里，只要有才能，尽力发挥它。

以上是有关我的情况，不知家里的情况如何？爸妈，你们都好吗？现在农忙一定快结束了吧！不知水稻收成怎样，姐夫是否出去，佳宇还好吗？我很想他。爸，您做木工活忙吗？如果只剩妈妈和大姐在家，就请你们在一起吃吧！这样家里的气氛要浓一点，你们不要太想我，我很好。

妈，爸，如果寒假回家，都是学校统一买火车票。我算了一下，来回400元（吃的在内），在这里度一个假期也需300多元钱，所以差不多，到时候看情况吧！

向爷爷奶奶叔叔婶婶兄弟姐妹问好！

叩首！

儿：万志

1996.10.10 晚 12：00

03　文学与演讲

爸妈：

你们好！提笔预祝家里一切都好！爸，您的来信我已收到，只是二姐这段时间一直没有来信，不知她在的厂经济效益如何？还有二姐婚事也不知道什么情况，为什么这段时间一直没有二姐的消息？

我在这儿一切还好，现在的温度大概是 -13℃，可感觉还没有我们那儿冷，大概是在外面的时间很短的原因吧！但那天打电话回家，我是一直走到邮电局，又走回来的，还下着雪，也没感到有多么冷！所以请你们在家尽管放心吧。

爸妈，我的特困生补助申请批准了，所以你们也不要再去弄证明，我是二等特困生，一学期补助200元钱。我们两个班共78人，有3个是特困生，已经过去两个半月了，我的存折里还有 2700 元钱，饭卡里还有 150 元钱，各项费用也交了 350 元左右，其他钱都被我吃了用了。还有每月 30 元钱补助，大约每个月开销要 250 元左右吧。

爸，我们校刊这一期也出来了，我的文章没有发表，或许有一点不对他们口味吧！不过我不会放弃对文学的追求的，我的诗有我自己的风格，在班里、系里也不断地流传。因为我追求的是一种个人的感受，属于纯文学性质，没有形式主义。

爸，我们班里两次演讲，我都成功了，第一次是用英语演讲，我说得很慢，声音很大，迎来了阵阵掌声。第二次就是打电话那天晚上的演讲是用汉语，大班 78 人，班主任也在，还有系学生会的，我们共有 16 个同学演讲，我是自己报名参加的。一开始我因紧张而不想参加，结果班长、班主任都很鼓励我，说这是一种锻炼的机会，我就参加了抽签，我是最后一个（16 号）。

当我在老师、同学们的掌声中走上讲台，他们的掌声停了，眼光都盯着我，我很紧张，我看着他们，对他们说："我很紧张，请大家再为我鼓鼓掌"。顿时，掌声响起，班主任也第一个拍手，我演讲的题目是《解释泪水》，当我演讲的时候，我把一切紧张、抖动都忘了，我的感情全投入到了演讲中，或许我太投入，或许我的演讲稿写得太感人了，演讲了一半，班里很多女孩子就哭了，主持人也哭了，当我演讲结束的时候，班里的掌声一直坚持了两分钟……最后，很多人都站了起来，对我说了很多话。我还为他们唱了一首歌，我知道，班主任也流泪了。最后，班主任总结说，这是他有史以来最感动的一次。

爸，儿子不是在说胡话，的确是真的，我也不相信会有这么大的轰动，但的确是真的。从此，有很多人要参加演讲的时候，都要我给他们写演讲稿，我们的班长，还有蒙古班的同学，他们参加大学演讲，是我为他们写的稿子。

爸，现在的农活忙吗？家里一切都好吧！向叔婶哥嫂问好，祝爷爷奶奶身体健康长寿！

叩首！

儿：万志

1996.11.30 晚

04 第一个大学生

万志：

来信已收到，你离家已有一个月了，家里一切都好。你在异乡感觉还好，这好像减轻我许多不必要的担心。那里的温差很大，我每晚都看电视天气预报，前几天 -8℃，这几天气温有回升，这样的气候，对你来说也许不太适应，要掌握好这气候，使自己的身体适应它，不然会感冒的。在那里，生活不能太苦，要吃好，健康的身体是人最大的财富。我知道在那里，你所面临的困难是可想而知，我想你能克服一切困难。也许你说大概这是对你的考验吧，但我想你肯定都会克服，希望三年后你能成为一个意志坚强的人。

万志，你可知道，我们这个大家族，除了你，没有一个大学生。当录取通知书下来时，我们一大家都为你感到欣慰。同时也有不少担忧，欣慰的是我们家终于出了个大学生，担忧的是你将面临的重重困难。我想你不会辜负我们的希望，不会因为一点小成绩就沾沾自喜，安于现状，你将继续为你的学业奋斗努力，这是你对爸妈的最好的报答。爸妈为我们念书不知吃了多少苦，暗地里不知道流了多少泪，何况培养一个大学生呢，妈妈虽然不识什么字，但她为我们任劳任怨，从无怨言，从小到大，爸妈也没有打过我们，我们不能辜负爸妈对我们的期望，也许没有资格对你说这些，因为我是最对不起爸妈的，写到这里，我哽咽了，写不下去了。

万志，一切保重！

二姐：万云 1996.10.8

05 三天两夜无座火车

爸妈：

我已安全返校，请你们放心，现在已经正常上课了，来时的火车比较拥挤，不过还是比较顺利的。当天晚上没有睡觉，人太多，一直在两车厢接轨吸烟处待着，坐在地上，很多人都没有座位。一直到西安，有人下车时，我才找了个座位。晚上就把床单铺在座位下面的地上睡觉，还算很舒服，两个晚上都睡着了。到28号下午2点到乌鲁木齐，下午6点才到石河子。当时很累，就没有打电话。第二天邮局10点才上班，所以你们没接到我电话。

爸，前天下午您打电话给我，因为我在4楼，电话亭的人偷懒没叫我，所以又错失了，以后打电话最好约定个时间，我在电话旁等。

汇款单26号就到了，我们学费是1100元，还剩下2000块钱，我已存入银行了。我想着可以花七八个月吧，所以你们暂且不要担心钱了。今年我们一二食堂装修得非常好，非常干净，就像宾馆一样。

我们学校今年不收专科生了，全是本科，我们是最后一届大专了。对了，我家教的那个学生考了510分，新疆的本科线414，重点线为468，他考到西安建筑大学去了。

我们今年的课程比较轻松，这学期就五门课，分别是英语、电脑、会计、组织行为学、民族理论等，课都集中在前10周，后10周几乎没课。所以自己有更多时间，去看一些别的书。今年我准备过英语三级，所以要多花点时间在英语上。

你写给刘老师的信，他也收到了。我还把从家带的一些土特产给了班主任，他很高兴。

家里也快要收割了，农忙的时候爸妈要保住身体，不要为我担心，我会好好照顾好身体的。二姐是不是国庆节结婚？那我只能在异乡为二姐祈福了，到时候一定要打电话给我。

希望爸把信念给妈听，不然妈一定很着急的，今年寒假可能又不回家了，望你们保重！

叩首！

儿万志 拜上

97.9.2

06　新疆下雪了

爸妈哥姐：

你们好！提笔祝你们一切顺利，万事顺心！

第二封来信我已收到，以后不要寄挂号信了，其实和平信一样快，只是保险些，所以没有什么重要事的话，就寄平信吧！何必去多花费一块钱呢？

现在的我一切都好，时间也怪紧张的，现在才感到我们的课程并不好学，英语单词特别难记，高等数学也是深奥无穷，班里的大部分人都很难理解，不过我还比较好，还有专业课，管理学和统计学也都不容易学，不过您放心，我会学好的。

现在新疆的气温已经开始冷了，两个星期前就下了一场雪，现在的温度在零下 5 摄氏度左右。不过 11 月 26 日起，这儿就有暖气啦，房子里不但不冷，而且还流汗，只是在外有点干冷。我买了一双旅游鞋，冬天是可以过冬的，只花了三十元钱，是假皮的，真皮的很贵，都要100多元。

爸，我把您的信交给了刘老师，他还向我要了我们家里的地址，我估计他要写信给您吧，不知他说了些什么。我经常和他下棋，不过大部分是我输了，第一是他的棋艺很好，第二也是我对他的尊敬吧！

学校的活动很多，几乎每天都有，同学们都踊跃参加，“英语角”和“文学社”我都参加了，现在我们的借书证和阅览证都发了，只要有时间，我就往图书馆里跑，那里书太多了，要看什么有什么，还有很多医学方面的书，这对我以后自学都很有好处的。

每天中午我都和山东小李一起吃饭，放学后，他总是匆匆到宿舍里拿缸子，而我在食堂里等他，我们现在都在一食堂吃饭，已习惯一食堂的饭菜了，我们吃一份菜，我吃两个馍，他吃三个馍，每次吃了两个馍我就饱了。

爸妈，我知道你们时刻都在牵挂我，我想你们一定经常去看电视天气预报，新疆是否下雪啦，温度多少啊！你们放心吧！儿子在外会照顾好自己的，如果你们太担心，我反而不能安心学习。

现在油菜一定种了吧，哥不知是否又出去打工了。我想佳宇一定懂事多了，真的好想他，大姐，能不能把他的照片寄来。家里的一切都好吧，爷爷奶奶身体还好吧，希望叔叔婶婶们都对他们表忠孝心，让他们二老安度晚年。

时间不早了，我还想写信给二姐，就此放笔吧。

叩首！

不知写给四叔的信收到没有？

儿：万志

1997.11.1 晚 11：00

07　自己的路

爸妈：

上封信你们收到了吧！我们现在已经放假了，我和几个同学在外租了间房子，在一起做饭吃，房子里有煤气灶，而且有火墙，挺暖和的。自己做饭比吃食堂要便宜得多，房租费是一个月 110 元，每个人也摊不了多少钱，而且吃得也挺不错的。那几个同学对我很好，非常关心我，所以请你们放心。

寒假我在这里想好好学习自学考试，多看些书，丰富自己的知识。另外，我又带了份家教，又是高三的，教化学和物理，每次两个小时，15 元钱，是个女孩，离学校不远，大多数都是白天去，所以很安全。

家里一切都好吧！我想现在已经是三九天气，家里一定很冷，也下雪了吧？过年，我想二姐他们肯定都会回来，这样也有姐姐姐夫他们在家，我想你们也不会着急，所以你们也无须想念我，我祝家里这一次过个好年。现在两个姐姐都已成家，儿子也在上大学，你们应该高兴才是，你们都操了一辈子的心，应该歇一歇了。

上次，石河子市残联到大学来看望我，还让我填了张表，说明自己的情况和家里的经济状况，有可能还给我补助一些钱。这很好，我不会拒绝这些，我已把自己放在一个社会现实中了，因为我在成熟，在长大。

这次我报了新疆维吾尔自治区一级（计算机）电脑考试，明年4月份考试，如果能通过，我明年准备报国家计算机二级考试。

我这次自考共报了四门，总共有10本书，我会用功把它学完的，争取能过，这样或许我在毕业的时候能拿到汉语言文学自考本科毕业证书。

儿子已经长大了。不需爸妈再为他操心，他会走出一条属于自己的路。

叩首！

儿：万志 敬上

1998.1.18 深夜

08 自学考试

爸妈：

你们好！你们一定正在农忙吧！望你们在繁忙之时照顾好身体，不要让儿放心不下。夏天来了，家里一定很热吧？你们是不是又在平房顶上睡啊？家里的蚊子很多吧？这里也很热，这几天37℃左右，空气很干燥。我和小赵买了个煤油炉，烧绿豆汤喝，听说绿豆汤可以下火呢，这里最好的就是没有蚊子，一个蚊子也没有，这里温差比较大，晚上很凉爽，还要盖被子。

现在食堂的伙食都很好，有西红柿，茄子、豆角、白菜等，油也很多，一般的菜里面都有肉，所以爸您总是说我瘦了，其实我并没有瘦呀！我觉得我都长胖了，大概是你们没有看到我，只看了我的照片，想你们的儿子吧。

告诉你们一个好消息，我的自考两门都过了，而且分数还算可以，《美学原理》72 分，《民间文学》73 分，我们班里有十几个同学都报了自考，小赵过了一门，其他人都没过。我报的汉语言文学本科共九门，所以还剩七门，这次快报名了，我准备再报两门。

家教现在不再带了，我们这个月的几门课都要结业，所以正忙于学习。家教一共赚了 350 块钱，我非常高兴，因为我当上了老师，而且是一位高三的老师呀，我还领到了工资，这是我的能力啊。爸，您也别想得太多了，您总是放心不下您的儿子，总是担心我的学习和身体。可您想想，我已经长大，我应该去做我自己想做的事，即使苦点、累点，我应该有能力去承受，总之，路要靠我自己走啊！爸，您说对不对？爸妈，你们越放心不下我，我就越难过。

听说 7 月中旬放假，具体时间也不知道，我一定回来，您也不要到南京接我，我自己完全能到家。爸，我真的不希望您到南京接我，您应该理解儿子，让他自己回家。

家里一切都好吧！家里忙就不要写信给我了，我会好好照顾自己的。

平安！

叩首！

儿：万志

1998.6.7 晚 12：00

09　老爸一直在

崔浩吾儿：

我是爸爸，很抱歉这次家长会，我在外地出差，不能按时参加，我已经和你班主任陈老师请了假，你们这次家长会要写“一封家书”，通过书信的方式让父母和孩子做一次交流，我感到非常欣慰，感谢你的母校七中，不仅是教学的楷模，也是育人的摇篮。

崔浩，这也是你长这么大，老爸第一次通过书信的方式和你交流。现在的信息科技如此发达，微信、QQ 这样的即时交流工具、快餐文化已经代替了以往的书信，很庆幸，你能生长在这么好的一个时代，不像爸爸，爸爸在新疆求学的时候，一个电话都很难打，我基本上每个月给你爷爷写两封信，每次信件寄回家的时候，都在数着过日子，数着你爷爷什么时候可以收到我的信，什么时候我可以收到家里的回信，那样的思念，现在回想起来依然很美。

上次回老家，从老家的柜子里还翻出了上百封家书，我给你爷爷的信，以及你爷爷写给你爸爸的信，我现在看起来，依然热泪盈眶，心中充满温暖。信的字迹已经模糊不清，我把信也带回来了，在我们家衣柜的爸爸最喜欢的黄书包里，你想看看，可以翻出来看看。

我突然想到了抖音里非常流行的一首歌《父亲的散文诗》，是啊，那是爸爸的爸爸的散文诗，也是你爸爸的散文诗。

这是他的生命 留下

留下来的散文诗

几十年后 我看着泪流不止

可我的父亲已经老得像一张旧报纸

……

崔浩，吾儿，刚刚老爸又听了这首歌，忍不住泪流满面……

你爷爷奶奶把我拉扯大，真的不容易，我们现在生活好了一些，他们却老了，让你爷爷奶奶最感到欣慰的是，你和你弟弟降临在我们家，这是我们家最大的福气，你爷爷经常说，这都是你妈妈的功劳啊，你妈妈是我们崔家的福报。

记得你出生的时候，你妈妈被推进手术室的时候，我在外面等着，内心无比激动、焦虑、恐惧、担忧，你是剖腹产，出生的时候 7 斤 6 两，你妈妈受了很多罪，得知母子平安、健康，我的心才平静下来。看到你第一眼，你在吃手指，漂亮得一塌糊涂……

记得你在月子里，喜欢哭，比较闹腾，你妈妈奶水少，所以从小就喂奶粉，你容易漾奶，每次漾奶的时候，都把我吓得魂飞魄散，我又弄不好，都是你妈妈和你奶奶弄，你妈妈很辛苦，我只能抱着你躺在床上，我还记得，你出生的时候是最冷的时候，为了让你妈妈休息好，我就披着你妈妈那个红色大棉袄，你就睡在我怀里，一抱就是一整夜，抱起来你就不哭，放下来就哇哇地哭……

月子坐完了，基本上就是你奶奶帮你妈妈一起带你，你就睡摇篮了，那个摇篮还是从老家带来的，好像是你文月姐姐的。你就这样慢慢长大了，后来上幼儿园，小学，初中……小时候你基本上是你奶奶带大的，你奶奶脾气大，嗓门大，每次放学或上学，你还没有到家门口，就听见你奶奶大喉咙："别跑，搞慢一点，快走，别动，你给我下来，摔倒了怎么搞……"可以想象，你小时候有多调皮，你奶奶只能跟着你，根本管不住你。你奶奶经常带你去大许老家，然后把你穿得比农村的孩子还农村，就这个事，你妈妈还经常和你奶奶吵架，说你奶奶把你搞得太土了，新衣服买了不穿，就给你穿旧的，你奶奶会把新衣服藏起来，然后你妈妈找不到，就会急。

就像你爷爷说的那样，这都是老天爷安排的，爸爸小时候调皮不起来，所以你就把爸爸童年缺失的那部分补回来了，所以你一个人代替了两个人调皮，怪不得你奶奶管不住你。

奶奶带你的时候，吼你的时候，整个楼都会听到，就你听不到，那时候爸爸就羡慕你，不知道你如何屏蔽奶奶的吼声和唠叨的，而现在奶奶已经患了老年痴呆症，连说话也没有力气了，有时间一定要去金都华庭看看爷爷奶奶。

所以，崔浩，在你正式有女朋友之前，你生命里最重要的两个女人，一个是你妈妈，一个是奶奶，一个育你，一个养你。哈哈，你现在这么聪明，帅气，还有一个无比重要的原因：你爸爸的种好！！！

崔浩，吾儿，你是2003年1月出生，过年就17周岁了，真的长大成人了，也有了女朋友。老爸想和你说，你不属于我们，你属于你自己，老爸感到很欣慰，这一路能参与和见证你的成长。你是雄鹰，你必将远走高飞，记住：你永远属于你自己！属于自己有三个标准：一、你有你自己的人生之路，二、你为你自己的选择负责，三、凡事不怨天尤人，靠自己解决。

老爸很欣慰，你能够和爸爸无话不谈，以前我是你老爸，以后我更希望是你的朋友，你慢慢长大了，你们才是这个时代的主流，而爸爸妈妈逐渐老去，也终将被这个时代遗忘，这是时代发展规律，物竞天择，一代比一代强。我希望以后你要多和我交流，多告诉我一些新鲜的事物，以及你们这一代人的情感、心理和社会意识形态。老爸今年43岁，最多还能奋斗十年，十年后的我，还希望能够和你平起平坐，老爸不甘心被社会淘汰，所以你要让老爸永远保持着一颗年轻的心。

崔浩，吾儿，你谈恋爱了，绝大部分家长，只要说到孩子谈恋爱就诚惶诚恐，我丝毫没有担心，爸爸也青春过。不过爸爸那个时候喜欢女孩子都是暗恋，一个明的都没有，那时候痛彻心扉啊，想想也是挺可悲的，我可不想我儿子在青春中留下遗憾，所以，喜欢女孩子是非常美好的感情，是青春中最美的足迹，世界因爱而美好！

老爸作为过来人，虽然经验不是很丰富，但有几点建议仅供你参考，也希望你在爱中得到真正的滋养。

一、 每个人都是如此，在什么样的时期做什么样的事情，不能早也不能晚，正如你现在有喜欢的人了，也属于正常，在感情中既有欢喜也有痛苦，一切靠你自己体验，没有人可代替你或者给你方法，但无论怎么样，一定保持着积极乐观的心态面对，爱的时候要好好地爱，好好地对人家好，彼此依恋又独立，尊重人家，尊重和理解人家和你可能有不一样的感受和需求。切记：不要故意去伤害一个人，或伤害自己，切记切记！爱一个人，就要让这个人变得更好，你们现在主要的任务是学习考大学，如果你们因为相爱，而彼此学习更好，这才是相互倾心最大的价值。

二、 青春必然骚动，有性的欲望和冲动，这一切都很正常。但是切记切记，人除了感性，还有理性，在心理学里叫意志。成长和成熟有一个很重要的标志就是意志的坚定和成熟，否则就可能伤害到别人、伤害到自己，造成终生的愧疚和遗憾。按国人的发展规律，高中喜欢就好，真正的恋爱在大学，大学是一个人最难忘的时光，努力吧，我儿。

三、 一个人活得最有意义的是，不仅仅有自己喜欢的人，更要有自己热爱的事情，也许有的人会说，有爱人就好了，只要天天在一起卿卿我我就是最美好的。但是我要告诉你，这都是幻想，一天 24 个小时，睡觉 8 小时，生活 8 小时，还有 8 小时你要干吗？更何况除了卿卿我我，我们需要面对的远远不止这 8 小时，可能我们人生一半以上的时间需要通过做事来完成的，这个一定要考虑，也是现在你就要考虑的东西：未来你要干啥！在做事过程中，自己能够体会到快乐、价值和美好，这才不枉此生！那么怎么样能够体会到做事带来的快乐？和谈恋爱一样，做自己喜欢的事和爱自己喜欢的人一样，可以让自己的内心无比的快乐。

有的人一生可能都没有找到自己所爱，这是很悲催的，你爸妈算是幸运的，上帝让你爸爸妈妈身体都不好，留下终身残缺，但是所幸的是，你和弟弟如此健康、聪明、帅气，但是你们是你们自己的，不是我们的。我们有自己热爱的事业，这是我们对自己的价值，也是对这个社会的价值。因为热爱，我们克服了无数的困难、挫折，因为热爱，我们面临再大的风险，也从不畏惧。

我希望儿子你能够找到自己喜欢的事情，必将陪伴你的一生！也许我们现在还没有，所以我们迷茫。也许我们现在有不同的爱好，但爱得都不够深，所以我们焦虑。没有关系，你的人生才刚刚开始，还很长很长，未来科技的发展，人可能能活到150岁呢，只要我们对生活充满热爱，我们就一定可以找到自己所爱，也许还不止一个，就像老爸一样，做了很多事情，才有的今天，不仅有旗袍，而且还有演讲，以后还要写一本世界名著。

崔浩，吾儿，你是我的种，所以遗传了我很多很多东西，有好也有坏，先说说不好的，老爸体质不好，这个也遗传给你了，想和你说句抱歉，但是回头想想，抱歉有啥用？改变不了的事实，所以你就接受吧，不接受也得接受啊，人生就是如此啊，并不是你想要什么就有什么，不想要什么就不来什么，很多东西硬生生地塞给你，不要都不行的，那么我们就要学会接受，并与它和平相处，这才是境界和格局！爸爸遗传给你什么了？比如爸爸小时候流鼻血，你也是；爸爸有鼻炎，你也是；爸爸体质不好，容易感冒，你也是；爸爸腰不好，可能你也是……但是，我儿，先天的不足，可以靠后天的弥补，一样可以变得越来越好。你喜欢打篮球，喜欢体育，我很高兴，锻炼身体可以让自己强大起来，另外，你要务必做到以下几点，我才不会担心：

1. 每天三餐正餐吃好、吃饱，少吃歪门邪道的东西，如方便面、可乐饮料、零食等，你现在正在长身体，营养跟得上，有了强壮的体魄，才对得起你喜欢的人，帅脸看久了，也会不好看的，身体健康比长相更重要。

2. 不要熬夜，生活要有规律，无论在家里还是在学校，睡眠时间绝对要保障，每天最少七个小时睡眠时间。

3. 手机绝对要有节制、有控制，你要学会控制手机，而不是让手机控制你，我不担心手机会伤害你的身体，而是担心你的自控能力减弱。自控力是一个人无比重要的能力，这个能力越强，越可以掌控自己的人生，更好地做自己。

崔浩，吾儿，现在已经是凌晨 1 点了，婆婆妈妈给你说了这些，我还有很多很多的话想和你说呢，咱爷俩时间还长着呢，爸妈不用你担心，也希望你不用我们担心哈。对了，你以后不能吓唬你弟弟，他本来就胆小，怕你，你要让他学会和你一样：胆大包天！

这几年你一下子就长大了，我们两个性格有很多相似的地方，情感丰富，积极乐观，做事有自我主见等等，我也看到了你的一些爱好和天赋，比如喜欢体育运动，喜欢电影分析，上次我说我要再读中科院心理学专业，你好像对心理学也有点感兴趣，等等，你的天赋远远不止这些，无论未来你想做什么，喜欢做什么，不喜欢做什么，老爸都支持你，你的人生你做主！

需要老爸的时候，和老爸说，老爸一直都在。

祝：学习进步，身体棒棒！

老爸：崔万志

2019 年 11 月 15 日凌晨 1：20 于湖北赤壁

10 给即将踏上征程的你

崔浩吾儿：

昨天晚上我做梦了，梦到了你考上了理想的大学，哈哈，对于天生不太勤奋的你，这样的成绩，我已经满足了。日有所思夜有所梦，可能是昨天咱爷俩聊天太欢，所以晚上做了这个梦。

这次老师给的主题“给即将踏上征程的你”，突然觉得你快要远走高飞了，吾儿就这样长大了……还有一个多月，你18岁，我在想怎么样给你过这个生日呢，可能你还不稀罕，稀罕的是那个小丫头片子送你什么礼物……十八年的养育之恩，还不够人家小丫头一句情话，唉。

还有七个月，就要高考了，崔浩吾儿，无论怎么样，这七个月，你给我好好顶着，这关系到你和小丫头片子的前程，就像昨天晚上你问我的一样，你们能不能走到一起，真的还要看你们能不能上个好大学，现实就是这样残酷！

一个人活得好，一定有两个维度，一个是自恋维度，一个是关系维度。自恋维度是我知道我很好，关系维度是我想对你好。自恋维度你有，关系维度你还差点火候，自恋维度来自于自信，关系维度来自于慈悲。

崔浩，昨晚聊天到深夜，你问我很多的问题，我一时也无法回答你，随着岁月增长，你以后会慢慢明白的，有些路是你必经之路，下面呢，我要说几点对你的期许，希望你能用心领悟，领悟到了，你就真的长大了。

第一，我们家经济情况稍微好点，那也是爸爸妈妈打拼出来的，本来我们身体家庭各方面条件都不如人，现在成为人上人，那肯定是你爸妈付出了超出一般人几倍的汗水、泪水和努力，你看到的努力可能只是一小部分，很多的辛酸苦辣你是看不见的，我现在告诉你，希望你知道且珍惜。

家庭如此，学校如此，社会国家都是如此，如此美好的背后都是很多人在默默地付出，学会宽容和理解，成人的世界没有“容易”两个字。这次你们学校物理老师突然离世，你们除了悼念离去的人，更要珍惜现在的老师和同学。

第二，你和我说现在比较迷茫，不知道以后干什么，上哪个专业。其实大部分学生都和你一样的，爸爸当初的时候，也是如此，这个很正常的，这未必不是好事，说明选择的空间比较大，那些有明确目标和理想的人，未必人生就如他所愿，一旦目标偏离太远，可能对他是个致命的打击，所以你现在只管好好努力，路会越走越宽。青春不怕迷茫，只要乐观、积极、向上，你就会活得漂亮。

先考一个好的成绩，至于学校、志愿、专业，老爸到时候陪你一起选，不用担心。

第三，现在你可能觉得，以后什么工作赚钱多，你就找什么工作，有了钱就幸福了。且不说赚钱的工作不一定适合你做，我要说的是幸福和金钱的关系，金钱是物质基础，幸福是精神追求，基础要有，够花就行，不要迷恋，一个人，特别是一个男人，除了爱情、家庭、金钱、工作这些基础的需求外，还要有创造、担当、利他、自我价值实现等更高的需求，你到时候就会明白爸爸这么看重事业的原因了，马云、王健林、董明珠，包括你喜欢的那些球星大部分都是在追求，我能为这个社会带来点什么！

当你以后有了这种感觉，你才算是一个幸福的男人。

第四，我想和你谈谈尊重这个话题，在这个世界上，人与人是不一样的，并非所有人的思想、行为、习惯和你我一样的，有的差别很大，有的甚至相反，比如你自己，你的房间和猪窝一样，你没有感觉不舒服，但是有的人看了，会叫我的天啊！再比如昨晚你说的，你睡觉喜欢幻想，思维容易分散，遗传我，但有的人不会，而且逻辑条理清晰，任何事情给你摆出一二三四，逮到人就要批判、挑剔、讲道理，比如你五爷……这个世界上一定有人你不喜欢，也有人不喜欢你，你要知道，无关对错，但是，我们要尊重对方，我不同意你，但是我尊重你。崔浩，在这点上，你做得远远不够，学会尊重他人，特别是长辈、老师，你可以有你的主见，但是一定要尊重他人，这才是真正的情商高的人。

你以后会明白，生活并非我想要什么，就按我自己的需要来，更多的是，你不想要，生活却硬生生地塞给你，你怎么办？你要学会和你不想要的、不喜欢的和平相处，你的痛苦才会少一点，快乐才会多一点，你的人生道路上才不会遇到巨大的麻烦。

好了，写这封信在床上趴了一下午，全身酸痛，希望我梦想成真！

永远爱你 老爸 崔万志

2020.11.27

11 谢谢你们将我带到这美好的世界

老爸：

不知不觉间我已经快18岁了。时间过得很快，从幼时的无知弱小，到现在即将迈入社会。似乎就是一眨眼的时间。您也从青年步入中年，我的个子也超过了您。今年是我人生中最重要的一年之一。

今年8月，很不幸，腰椎的疾病还是找到了您，人突然一下就起不来了。当时去医院检查．医生建议手术，我认为医生说得有道理，便也建议您手术。可是当您从手术室中出来时，一向乐观、笑嘻嘻的您，变得苍白无力。谈吐不清，只能听见您在呼喊我和强强的名字。那时候我的心好痛，我后悔让您做手术，太痛苦了！不如保守理疗，至少不用受如此折磨，我在学校还给您惹麻烦……

今年或许是我们在一起时间最长的一年，往年您工作繁忙，天天去演讲、出差，没有多少沟通交流的时间。2020,爱你爱你，因为疫情至后来您腰疾，我走读，我们现在每天都在一起，每天都可以聊天谈心。我的高三生活变得很充实、很幸福。对于我的要求，您也几乎是一一满足。真的很感动。

对于您的期许我也有我的认识和看法。

第一，我对我们家的情况了解得并不少，我也从来没有认为我们家有多牛多好，也从来没有把自己当成人上人。我知道您和妈妈的辛苦，生活像现在这么好，离不开您和妈妈的血汗。我也非常珍惜，我认为以后我不会“败家”，我如妈妈一样，有点钱在口袋里我很踏实，尺度的拿捏我认为我还是很 OK 的，18 年的养育之恩，我无以为报，但唯在这最为关键的时期努力、奋斗是您最想最希望看到的吧。您和妈妈是我最爱最敬重的人，我女朋友是我最珍惜最想保护的人。我更希望可以通过我的努力和她最终走到一起，带着她来拜见您和妈妈。

第二，我对我的未来一直有一些迷茫，就止于目前学习只是为了上大学。至于上什么大学，学什么专业，走什么样的路，对我而言是一片空白。或许我离成功就差一个目标。天生好吃懒做的我不再想因为 1 分错失“168”。可好像也没有一个准确的目标，只能步步为营。其实上什么大学都行，这样以后万一失败了，落差感也不会太强。

这次考试语文作文就是写“就业”问题，我就引用了您的话，不知能得多少分，以后找工作还早，挣钱肯定是想挣的。跟谁过不去也不会跟钱过不去。要是能在挣钱中实现属于我自己的人生价值，那自然最好不过。

当然这条路还 So long(很长 ）……

由于时间太紧，每天我真的没有时间来写回信，刚开始还好，最后却草草了之结尾，本来还是有许多话写，但一切尽在不言中，我永远爱您和妈妈，谢谢你们将我带入这美好的世界。

儿浩

2020.12.6

12　家风传承

崔强：

你好！我是爸爸，今天是第一次给你写信，还真不知道怎么写，昨晚想到现在，还没有想好呢！

前两天你生病了、发烧了，爸爸好心疼啊，爸爸现在陪哥哥，不能回去看你，不要怪爸爸哟。哥哥马上就高考了，还有 20 天，你说哥哥能考上什么学校？学什么专业？我知道，你最希望哥哥上电竞专业，是不是？你和你哥哥有两个兴趣爱好是一模一样的，一个是玩游戏，一个是下厨房。

强强，你都十岁了，时间好快啊，你哥哥十八岁，你十岁，你们牙牙学语的情景，仿佛就在眼前，一下子你就是小大人了，可以保护爸爸妈妈了。你还有爸爸，但是爸爸没有爸爸了……爸爸眼睛红了，想哭了，爸爸想爸爸了。你爷爷一辈子特别特别爱我，从来没有打过我，一巴掌都没有打过，小时候，爸爸不会走路，你爷爷就背着我，到处看医生。有一次，我也是十岁，过小年，爷爷带着爸爸在全椒县一个乡下的一个中医世家扎针灸，我们住在一个远方亲戚家，每次去扎针灸，爷爷都要背着我走五里路才能到。针灸的时候，满头扎满了针，还有身体、胳膊、腿，一次都扎几十针，爸爸都没有哭过。可是，那次过小年，我和爷爷去扎针灸的路上，爸爸就哭了，爷爷看爸爸哭了，也抹眼泪了，我们就在田埂上待了很久，远处村庄鞭炮声不断，风呼呼吹着我们瑟瑟发抖，爷爷就抱着我，一直抱到医院。

强强，我和爷爷的故事很多很多，等你大了，我再讲给你听，就像爷爷经常和我们说他小时候，他和他爸爸妈妈的故事一样。爷爷小时候，一年都吃不到一次肉，爸爸小时候，一个月吃不到一次肉，你小时候，天天吃肉……你看，我们的生活在一天比一天变好啊，但是这样的好生活是爷爷的爸爸妈妈——爷爷奶奶、爸爸妈妈辛苦努力换来的。

强强，你喜欢什么东西，想买什么东西，要问清楚自己，是不是真的想要，如果真的好想要，爸爸妈妈就给你买。但是你要懂得两件事：第一，爸爸妈妈能够买得起；第二，爸爸妈妈赚钱不容易。

强强，你和哥哥的性格既相似，又有好大的差别，哥哥果断勇敢，你温柔善良，每次回家，你都拉着我，扶着我，怕我跌倒，我心里都感觉很温暖，有时候，我和你妈妈开玩笑说，强强是我们的“暖宝宝”。你有一个梦想，长大了当厨师，做天下美食，爸爸支持你，支持你做自己喜欢的事，过自己想要的生活，希望未来不仅爸爸妈妈可以吃到你的美食，更希望有很多很多人可以吃到我家崔强做的美食，崔强美食，名扬天下。

你也知道爷爷教会了爸爸“不抱怨，靠自己”的精神，我也希望我儿子崔浩、我儿子崔强都能够在自己成长的路上，不抱怨，靠自己，天行健，君子当自强不息！

祝：我儿崔强，游戏好，学习好，身体好！

老爸：崔万志

2021.5.13

13　一封情书，坠入深渊的爱

W：

真的，其实心中有太多的话想与你诉说，就好像想找一个地方痛快地哭一场一样的感觉。

世界这么大，我甚至连一个悲伤的地方都没有了，整天笑着脸皮，心中却一片凄凉，常苦笑自己是多么地与这世界不协调。记得小时候家乡经常唱戏，里面总有一个小丑角，有时忘了自己的名字，或许根本没有自己的名字，而他的悲剧只是生活中的调料，没有人真心在乎。所以我说我的人生如同一场戏，我就是那个丑角，似乎没有自己的故事，却流着自己的泪。

凡事都应该有个“度”，而我的生活的度似乎早已消失了，无休止地被生活嘲弄和排挤！我只能苦笑，我只有苦笑，我是个失败的人，或许一生都是个失败的人，怨只能怨自己，和身边的人无关。沉默总有一天会爆发的，可是爆发了又怎样？爆发了之后不还是灭亡！

有人说，梦里的自己是最真实的，记得这学期已有六次从梦里哭醒了，你可能不相信，这是真实的我，现实中的我是很少流泪的，只有在梦里，脆弱才表现得那么真实。

在你们眼里，也许我是个好人，也只能是个好人……

你现在的心情，我是知道的，可是我无法去安慰你，只是想说你的喜怒哀乐，对我的影响很大。你说过朋友之间不应该那么小心谨慎，其实我根本不是什么小心谨慎，因为我无法拒绝朋友的悲伤，暂且说我是自讨苦吃吧！

你曾经对我说：“我是一个不值得你对我好的人，总有一天你会明白的。”你说得我好无奈啊！似乎我爱了不该爱的人，似乎我最终想得到你什么，似乎我只是一个可怜虫，似乎我在体验悲剧而强行把你拉进剧中，似乎……有太多的似乎了。

你——我的朋友，永远是我的朋友，我在爱着这位朋友，我不知道明天还有几天，永远还有多远……当然，很实在地告诉你，如果不是我残疾的身体，我会追求你的。可是，我只能爱着我的朋友，这是爱不是恋，绝不是恋，心甘情愿地爱，哪怕坠入万丈深渊，也无怨无悔……我无法向你诉说清楚，我心中已感到语无伦次了，想尽力让你明白，可又无法让你明白。

如果说真爱带给你了伤害，我猜想这种伤害是因怕我受到你的伤害而伤害，是不是？我不会受到什么伤害的，只有一年，之后彼此各奔东西，我会悄悄地离开的。更不会连累你些什么，而我这三年也无怨无悔……

我在渐渐长大，也在慢慢地枯萎，我成熟了一半，也永远只能成熟一半，做的事也只是成熟了一半，写的诗也只是成熟一半，因为你在我的心中也只是成熟了一半，成熟了一半的爱，就是成熟了一半的我的人生。

说实话，自从大一开始，我就经常写一些信给你，不过大部分都烧了，还有一些我还保存着，作为对过去的日子的纪念吧！以后的日子我也不想忘记你，也不可能把你忘记。

我在爱一位朋友，这没有错，对吗？当我说自己没有错的时候，心中也彻底地否定了自己……

对不起，W，平安快乐！

爱友：万志

98.1.11 凌晨 4：00

后记

今天是2021年5月9日，母亲节，今天是爸爸离开我们的第十天，爸爸走了，77岁……

爸爸走的前两天，和妈妈见了一面，妈妈已经老年痴呆了，已经不认识人了，但是爸爸妈妈见面的那一刻，爸妈的手自然地握到了一起，紧紧地握着，彼此注视着对方，却谁也说不出话来……这是我见到的世界上最凄美的爱情。

往事，一幕一幕的，含着泪，回首，爸爸在的时候，我一直认为自己是个孩子，爸爸走了，我突然成了一大家子的依靠。

有一天，儿子问我："爷爷怎么摔了一下，就不行了？"

我说："人老了，就怕摔倒，很多老人，摔了一跤，就卧床不起，之后不久就会离开人世。"

儿子说："爷爷也没有摔坏脑子啊，也没有摔到哪里特别严重啊？之前爷爷还是好好的啊……”

我忍着泪：“爷爷最近每次来看我们都气喘吁吁，有气无力的，每次来了之后，都说现在跑太累了，以后不来了，可是，没有多久，爷爷又会来看我们……”

我接着说：“爷爷活着的时候就想多看看他儿子、他孙子。爷爷摔倒之后，心里想着自己不行了，所以他就不吃不喝，也不看医生，也不知道为什么摔一下就吃不下了，吞咽不下，更多的可能是自我心理暗示，要走了，还不如早点走，不让儿女操心。”

儿子眼睛红了，鼻子一酸：“爸爸，您老了，我一定不让您走路，让您坐轮椅，我要您活到一百岁！”

父亲两个月前，在小区附近十字路口摔倒了，路边的好心人打 120 把他送进医院，后脑勺缝了 14 针，在医院住了十天左右出院了。回家后就不能吃东西了，我大姐二姐 24 小时陪护，精心照顾，每次都是哄着喝几口水，吃几口稀饭，后来越来越虚弱，越来越不能吃。我们带他到医院住院，还没有住两天，就不干了，要回家，拒绝吊水吃药。

实在没有办法，只能带父亲回家，父亲说，如果让我待在这里，我两天就死了，让我回家，我还多活一点，看到浩浩考大学。回家后，父亲完全不能自己起床了，后来大姐二姐整理家务的时候，发现父亲藏了好多绳子、布条，这里塞一根，那里塞一团……

每次我回来，都躺在父亲的身边，抚摸着父亲的脸，父亲有气无力地说：“我……不……行……了，活……不……了……了……”

越到后来，父亲越不让我靠近他，让我走，让我去上班。

父亲 2021 年 4 月 29 日凌晨 2：08 离开了我们，走的时候，我们姊妹三人都在身边，在我的老家，肥东县包公镇大许村，父亲也算是叶落归根了。

很多亲友来家悼念，大姐二姐一一叩头致谢，我因年前腰椎手术，无法跪下，只能坐在父亲遗体旁边披麻戴孝，妻子和姐姐一样，来人就跪下，崔浩和崔强一直在给爷爷烧纸。

我的老师乐嘉亲自送来了花圈，给父亲上了三炷香，鞠了三鞠躬，和我的家人一一握手，乐嘉老师送的挽联写道：

小人物，不抱怨，为子求学万古一跪，忍辱负重伟世男

大儿郎，靠自己，敬父演讲志励千秋，卧薪尝胆报春晖

晚辈 乐嘉

乐嘉老师的挽联诠释了我和父亲一生的父子情结，而且把我的名字：万志，和我父亲的名字：世春 藏在了里面了，每每看到这两句话时，我都会热泪盈眶。

此书从我去年手术后康复期到现在，差不多前前后后花了半年的时间，一开始，不能坐，就躺在床上写，淘宝上买了个电脑支架，半天一指禅捣不出一个字，后来慢慢能坐起来了，一边陪着崔浩读高三，一边直播，一边写书。其实我非常享受这样的生活。

陪读，我在和孩子对话

直播，我在和世界对话

写作，我在和自己对话

希望今年年底，我会出第三本书，也是我最期待的一本书，这本书就叫《父亲》，我突然想起大学的时候，我写的一首诗：

父亲和老牛

黄昏

父亲和老牛之间

有根绳子牵着

老牛看着父亲

父亲看着夕阳

崔万志于合肥

2021.5.9

图书在版编目（CIP）数据

从伤口里爬出来 / 崔万志著 . -- 北京 : 北京时代华文书局 , 2021.7
ISBN 978-7-5699-4249-1

Ⅰ . ①从… Ⅱ . ①崔… Ⅲ . ①心理学—通俗读物 Ⅳ . ① B84-49

中国版本图书馆 CIP 数据核字 (2021) 第 134668 号

从伤口里爬出来

CONG SHANGKOU LI PACHULAI

著　　者 | 崔万志

出 版 人 | 陈　涛
选题策划 | 丁俊松　雷永军
责任编辑 | 徐敏峰　周海燕　姚　健
执行编辑 | 韩明慧
责任校对 | 凤宝莲
封面设计 | 刘　欢
责任印制 | 訾　敬

出版发行 | 北京时代华文书局 http://www.bjsdsj.com.cn
北京市东城区安定门外大街 138 号皇城国际大厦 A 座 8 楼
邮编：100011　电话：010 - 64267955　64267677
印　　刷 | 北京温林源印刷有限公司　010-83670070
（如发现印装质量问题，请与印刷厂联系调换）
开　　本 | 690mm×980mm　1/16　印　　张 | 19　字　　数 | 214 千字
版　　次 | 2021 年 8 月第 1 版　印　　次 | 2021 年 8 月第 1 次印刷
书　　号 | ISBN 978-7-5699-4249-1
定　　价 | 49.80 元